水 政 治

[澳] Daniel Connell 著

谢永刚 译

中国农业出版社

Water Politics in the Murray－Darling Basin
By Daniel Connell

Water Politics
in the Murray–Darling Basin

Daniel Connell

THE FEDERATION PRESS

The Federation Press Pty Ltd
PO Box 45, Annandale NSW 2038, Australia
Ph(02)9552 2200.Fax (02)9552 1681
Website:http://www.federationpress.com.au

致中国读者

关于澳大利亚东南部墨累河流域水管理的争论，与发生在世界上其他许多地方关于相同问题的争论类似。很长一段时间，在这个流域内，澳大利亚政府允许人们从河里取水，而且取水量是不断增加的。然而，在 20 世纪 90 年代，国家政府部门和墨累河流域内四个州政府一致同意停止增加取水量。那时，高度频繁的分洪导致严重的环境问题以及用水者间的竞争和冲突。

我们都知道找到一种水的持续管理的方法是很重要的。大约 1/3 的世界人口所吃的食物是经水的灌溉而得到的，并且，几乎所有用来供新增人口食用的食物也都是经过水的灌溉而得来的，这些新增加的人群在未来几十年里会导致人口的再增长。同时，由于盐分和其他问题也使得许多主要灌区的生产力在下降。如果我们找不到方法去扭转这些地区生产力下降的趋势并且提高灌溉效率，那么，会有数亿人被饿死，更多的人变成难民。这将给人们带来痛苦并且增加邻国之间的紧张关系。

我这本书描述了墨累河流域的人们对于怎样改变水的管理方式以使水能够可持续利用的争论。如果他们不成功的话，他们的孩子仍会生活在这个地方，但是这个地方不会再生产出像现在这么多的粮食，并且不适合生活。为了将来，需要保护这条河流，引入与现在不同的水的经营管理机制是必要的。但是要改变也是困难的。这就是关于墨累河流域水政策的争论变得如此激烈的原因。

在澳大利亚，有关水问题的争论是非常多的，而且一直存在，这就容易使人们在寻找解决问题的办法时走进误区。人们用大部分时间去谈论他们不同意的事情，却很少花时间去讨论他们相同的想法。在讨论墨累河流域的水管理这件事情上，尽管公众存在争论，但在大多数人和团体之间，仍然有很多一致的想法。最后，我认为他们会成功地创造一个有效的新机制。例如，关于水管理的目标，存在着广泛的一致。大多数人认为新的水管理机制必须是可持续的，以至于这个机制在今后几十年里都会有效。即使对于解决目前发生的问题还存在很多不一致的想法，但几乎没人认为只顾短期利益就可以毁掉河流。大家都认为政府有责任确保这些问题被找出来。世界上的一些地方的人们认为市场中的竞争会决定要发生的事情，而大部分澳大利亚人却不这样想。

在澳大利亚，旱季对于水的管理已有很长的历史。如果这个传统被有效地建立，它将会提供好的基础去应对季节的变化。此外，墨累河流域有许多组织在跨行政界线去管理水。尽管他们需要改变，但是若要建立一个全新的组织也是没有必要的，而且非常困难。好的监督和数据系统对于未来的管理是必要的。尽管现存的体制需要改进，大多数人也都认为有所改进是应该的。澳大利亚人相信变革所带来的成本与利益应当被所有人分享。因为他们知道，对于接受水管理体制变革这件事，如果人们认为自己并没有参与其中，而且什么都没得到，他们会更加生气。这样，通过协商找到解决问题的办法会变得更容易。

有很长一段时间，澳大利亚各州政府与那些住在灌溉区域的社区进行了紧密的协作。在很多情况下，政府在澳洲干燥的地区建立定居点并鼓励人民居住。现在政府强迫那些人们自给自足并寻求更大的发展。有时这会引起不满，但无论如何，这都是不可避免的，而且还有一些个别的团体对于“河水怎么了?”要求有一个说法。在城镇里居住的人要用城市中的水来满足生活和工业用水。这里的土著人也想要维护他们的权利，在欧洲人来之前，土著人就生活在这里。除此之外，环境学家为了保护动植物也想要改善河流的环境条件。

为了处理新的情况，澳大利亚联邦政府和州政府在2004年6月批准了国家水激励计划，确立水的国家政策是首要问题，尽管关于怎样实现国家水激励计划还有很多不同意见。在这个新政策下，人们会有更加明确的用水权，但是人们也有责任去保护水环境。

从写这本书之后，解决墨累河流域水管理的新立法已经被国会通过。新立法将允许国家政府为墨累河流域水问题而引入战略性计划，这个计划会从整个流域范围的角度去考察，不会偏向任何一个州。作为第一次，这些计划将会调整对地表水和地下水的管理。另外，政策与管理将会更加公开，方便公众考核与批评。还将有更多跨州界的水交易。让水不参与到破坏环境的活动中，将水转移到能生产出更有价值的农作物的活动中，这样能够降低损耗。

尽管如此，为墨累河流域制定新的水管理制度已经开始了。正如这本书所写的，仍然有许多主要的问题需要解决，最重要的是公众需要去理解变革的原因以及正被引入的新制度的本质。如果公众支持，水改革才会最终得以进行。澳大利亚的领导者起着关键性作用。引入新的组织体系需要立法，首先，要想通过立法，更重要的是，他们要利用自己的领导者地位去获得公众对于改革的支持。这样，未来几代人也将拥有干净的河水使他们生活下去。

在澳大利亚国立大学，一位来自中国的谢永刚教授，最近对如何在墨累-达令河进行水管理改革的争论很有兴趣。我对他有关复杂问题的讨论和理解留下深刻的印象。谢教授也认为中国的水管理部门和流域规划部门连同其他中国的水问题专家一起，将会发现和知道更多关于发生在澳大利亚的事情是很有用的。因此，作为作者，我和联邦出版社澳大利亚发行人，非常荣幸，更加重视这次他将我的书翻译给中国读者的机会。同时，也感谢中国农业出版社为本书出版并与澳大利亚联邦出版社的合作所付出的努力表示感谢！

丹尼尔·克努

2009年10月15日于澳大利亚堪培拉

重大历史事件（以时间为序）

1884　维多利亚皇家水供给委员会成立

1886　通过灌溉法案（维多利亚）

1886　夏菲兄弟在麦德拉和瑞玛克建立灌溉基地

1897—1898　澳大利亚宪法大会召开

1902　克罗瓦会议（墨累河水保持大会召开）

1905　通过水法案（维多利亚州）

1914—1915　联邦政府、新南威尔士、维多利亚和南澳大利亚州正式批准墨累河水协定立法

1917　墨累河流域委员会成立

1926　维多利亚湖（围湖工程）完工

1936　休姆大坝工程完工（一期工程）

1940　在洛尔湖泊和墨累河口之间的拦河坝工程完成

1945　休姆大坝加高加固工程

1949　着手雪山水疗馆规划

20 世纪 50—70 年代　楚维拉大坝土地争议问题摆上日程

1969　楚维拉大坝不确定延期，被达特茅斯大坝取代（向南澳提出附加的水分配方案）

1970　墨累河流域盐度调查

1975　工党提出关于墨累河报告

1985　墨累-达令河流域理事会举行第一次会议

1988　墨累-达令河流域委员会成立

1988　盐分及排水策略出台

1989　自然资源管理战略出台

1991—1992　海藻在达令河过度繁殖

1992　联合国环境和发展大会在里约召开（通过《21 世纪议程》）

1992　墨累-达令河流域协议（包括昆士兰州）达成

1994　澳大利亚政府参议会通过乡村水改革规划

1995　墨累-达令河流域关于提水上限协议形成（过渡时期）

1996　休姆大坝活动的紧急响应预案出台

1999　盐度审核

2000　综合集水管理政策声明

2000　议员参与流域管理方面的调查

2000　南澳议会成立墨累河管理选举委员会

2000　墨累河盐度和水质量管理纳入国家行动计划

2004　国家水试点方案出台

2004　政府间对墨累-达令河流域行动计划达成一致

2007　联邦政府的百亿澳元乡村水计划

度量（单位）注释

Megalitre（ML）—体积单位，百万升

Gigalitre（GL）—体积单位，10 亿升

Acre foot—体积单位，大约 1.25 百万升

EC—电的传导率单位，用于盐分浓度的测量，表示在 25℃的纯净水中微欧姆数，每一个 EC 是粗略地相当于 0.6 个技术刻度（溶解总固体）。

“The Cap”—墨累-达令河流域理事会的一个协议：某个用水成员单位每年提取的河水数量不能超过协议规定的上限（在 1995 年开始在墨累-达令河流域执行，“The Cap”不是一个简单的数量概念，不同的州或不同的年份和降雨量有可能由不同的规则确定），可简称为“协议的取水上限”。

MAF：百万英亩·英尺

（1MAF＝1 百万英亩·英尺＝1 233.48×10^6 立方米）

缩写

ANZECC 澳大利亚和新西兰环境保护委员会
ARMCANZ 澳大利亚和新西兰农业和资源管理委员会
BSMS 流域盐度管理策略
CAC 社会咨询委员会
COAG 澳大利亚政府联席会议
EC 电力传送机构
GL 10 亿升（容量）
ICM 综合的集水设施管理
ICM policy 综合的集水管理政策
IGAMDB 政府间关于选择墨累-达令河流域水分配和达到环境的目标的协定
MDB 墨累-达令河流域
MDBA 墨累-达令河流域协议（1992 年）
MDBC 墨累-达令河流域委员会（1992 年）
MDBMC 墨累-达令河流域部门理事会
NAP 国家盐度和水质行动计划
NCC 国家竞争委员会
NCP 国家竞争政策
NHT 自然遗产确认
NRMS 自然资源管理战略
NWC 国家水委员会
NCC 全国协商委员会

NWI	国家水激励（试点）
RMC	墨累河委员会
RMWA	墨累河水协议
S&DS	排盐战略
SRP	墨累河项目科学论证小组
CSIRO	澳大利亚联邦科学与工业研究组织
AGSO	澳大利亚地质勘测组织
BSMS	流域盐度管理策略

目　　录

引　言

计划实质是权力的演绎。即使在一个现代化国家里，那么多真实的计划，其实都是无聊的。因为计划的制订者、计划的过程、计划的实施等同样是无聊的。即使在一个民主政治体系里，那些官僚和社团机构做这些无聊的工作，就好比一只臭鼬不停地用它的鼻子闻气味一样，枯燥而单调，但却可以让他们远离危险。这样，权力也就不必躲在幕后，它可以公开表演，哪怕无聊乏味，观众厌倦瞌睡。可见，在我们不在意的时候，我们被现代世界欺骗了[1]。

——理查德·怀特（美国历史学家，引自《哥伦比亚河史》）

目前，世界上的水管理者们无不为他们取得的成就付出了很多牺牲，而他们工作的代价和产生的利益，却使得其后继者们难脱窠臼。众所周知的例子就是环境遗产，而大家谈论较少的却是他们已经承担了的法律责任。当代水管理者们面临的一些最大的两难的问题就是近代以来由水资源开发而获得的巨大利益；而同时这种大规模的开发形成了对水的强烈依赖，这种依赖却是不可持续的。在过去的一个世纪里，通过发展灌溉，传统农业生产为世界上剧增的人口提供了可能的保障。根据联合国开发计划署的文件资料，当前的灌溉耕地提供了大约 1/3 的粮食供给。如果没有这些灌溉耕地，就不可能产生今天看到的人口膨胀。甚至从更大范围讲，在未来的几十年里继续增加的人口所需的额外粮食，几乎无一例外地将全部来自灌溉所得。[2]

但是，灌溉农业已经不能满足日益增长的需求。[3] 近代以来，尽管灌溉土地面积的增长较之人口的增长来得更快，然而根据联合国开发计划署的统计，这一趋势从 1978 年前后发生了转折。1978 年后，灌溉土地面积大约以每年 1%的速度增加，而全球人口增长率却保持在 1.6%的水平。更糟糕的是，世界上每 10 公顷的灌溉土地中就有 1 公顷的土地因为渍害和盐碱化正在丧失其生产能力，很多灌区渍涝问题严重，只能依靠抽水排涝的方法勉强维持生产。短期内，这类办法可以补偿一部分下降的生产力，但它不能长期解决问题，除非有可持续的生产和消费模式出现。

环境状况下降和可用淡水资源减少产生的对人类安全的威胁，已为联合国的相关系列会议所承认。1977 年召开的马德普拉塔会议《纪要》指出，"水的易于利用的特点和水的短缺，正在从四个方面不断增加对人类安全的威胁：粮食生产、人类健康、水环境健康以及社会、经济和政治稳定。"[4]挪威首相格劳哈莱姆·布伦特兰领导的一个联合国委员会更是发展了这些观点，1987 年该委员会发表了《我们共同的未来》，它还有一个名字叫"布伦特兰报告"，但《我们共同的未来》的书名影响更大。[5]该书指出：无论是国际还是国家内的安全保障，都必须考虑不可持续发展模式的影响，在此基础上探索全面的解决途径。

在描述了环境质量下滑如何广泛地使社会、经济和政治形势恶化之后，布伦特兰报告强调了此前十年间发生的最糟糕的人类福利灾难中的环境因素，在此基础上提出目前最广泛运用的可持续发展的定义。它提出，可持续发展的目的，应该是"满足当代人的需求，同时又不妨碍后代人并满足他们的要求"。[6]布伦特兰对于"可持续"概念的表述要求接受这样一个事实：永远不会有一个可以称为"环境持续"的、稳定的、长期的目标。人们必须对人类活动的长期影响保持持续的警戒，不断调整以获取可用的新知识。可以肯定的是，一个社会应该有能力产生和使用新的知识，并且阶段性地对此前认为可接受的主要活动进行基本的再评估。由于不可能对未来人们的需求、对当代人类活动的长期后果进行面面俱到的描述，因此，布伦特兰对于“可持续”的定义是建立在文化调整能力理念基础上的，而不是建立在与生态物理学世界的静态的联系上，这种静态的联系无需不断地再评估也可以得到并且保持下去。

越来越多地接受调整以不断适应变化的形势，是全球再评估的一部分，其范围是人类可以控制和引导的复杂的社会语言学系统。西方社会已失去了对命令和控制方法产生效率这一观念的信任，回顾一下对社会和经济目标的中央计划的历史，我们发现这种信念的丧失正是始于类似的对自然资源管理的再评估。现在越来越多的是强调从适应自然，而不是尝试从严控制自然中获利。越来越多的人认为，管理洪水的更好的办法是恢复洪泛区，而不是修建更高的堤岸；保护生态系统，如湿地的服务功能，以提升水质，而不是采用水净化之类的技术设施。

保护河流沿岸环境的重要性长期以来获得了美学和道德领域的支持，但由此而引起的利益之争也日益激烈。生态物理学系统可以维持它全面的生态功能和作用，这些系统为人类提供了很多的利益。对消费者而言的水净化作用上面已经提过了，避免藻类大量繁殖是另一个例子。岸边茂盛生长的植物带还可稳定河岸并且减少侵蚀，保护耕地和道路、桥梁等建筑物，还可改善钓鱼、休闲等条件。滨水环境对旅游、休闲娱乐具有重大作用，并且人们也乐意选择住在水边。此外，对生态受损地区进行生态修复的代价往往高得惊人，常常远远高于短期内破坏生态环境获得的经济利益。环境的可持续并不是一个只有在它不威胁短期经济生产力时才需探索的、可有可无的、多余的东西。

因为缺乏发展更多的具有持续生产力的水管理体系，所以全世界将有数以亿计的人民承受由此带来的巨大痛苦，其实已经有很多人在遭受这种苦难了。1992 年在里约热内卢召开的全球峰会上，主要议题的框架是关于“全面水管理”的流域一体化管理的介绍。流域一体化管理能够更好地保护环境，防止作为经济发展的基础的水资源供给保障被削弱。墨累一达令河流域在 20 世纪 80 年代的流域一体化管理的试点，正是这一国际努力的尝试，也是澳大利亚发展这种水管理优先原则的一个实例。近来，对流域一体化管理原则的承诺在 1992 年《国家生态可持续发展战略》中得到了体现，澳大利亚政府联席会议 1994 年的农村水改革计划，以及 2004 年的国家水试点，亦无不体现了这一承诺。

对墨累-达令河流域的政策与实践的总结正在进行，目的是要与澳大利亚的主要水政策——国家水试点保持协调一致。在该流域引入环境可持续的水管理的建议，是一个在全社会全面贯彻可持续环境管理的更广泛的计划的一部分。然而，2002 年，在澳大利亚政府实施《国家生态可持续发展战略》之后的 10 年，在进行全国成就的评估时，大卫·亚琛和德博拉·威尔金森却认为并未取得真正的进步。因此，迄今为止也几乎不存在实质意义上的成功。[7] 他们给出了当前政策不能取得生态可持续的成就的六个原因，即：从显露出来的问题看，可持续原则并未获得充分的理解；资源不合理利用；基于效率行动的立法机关和管理机关软弱无能；环境压力增大；能发现问题和评估纠错的监控系统没有被摆上真正的位置。这个对国家生态可持续管理的评估结论，同样也适用于对墨累-达令河流域的水管理。

由于对改革的进度不满意，联邦和州政府在 2004 年 6 月举行的澳大利亚政府联席会议上，批准实施国家水试点。对国家水试点和墨累-达令河流域各自实施的水管理进行比较，可以发现它们代表两种完全不同的哲学观点。一种是由变化而产生的目标，所谓的延伸战略；另一种是增长的目标。延伸战略认为，需求力可能不起作用，而要通过设定目标来刺激发展，这方面常常被引用的一个例子就是肯尼迪总统“登月”的决定；增长的战略只需设立可以达到的增长目标就可以了。国家水试点的正式批准意味着澳大利亚水管理的延伸战略现已在最高政治层面上得到了认可。那个承诺能否实现，人们拭目以待。

在墨累-达令河流域的历史时期里，从最初的原则出发，政府曾两次试图弄清到底要对它的哪些方面进行管理。一次是在20世纪的早期，另一次是20世纪80年代。在这两个时期中，都首次提出了（在流域各州）组建强有力的平行机构。在制定决策时所有政府都可以参加表决，而在各自境内实施时所有政府都在玩着“以邻为壑”的游戏，没有一个政府出来承担公众的利益。最终，尽管流域各州都尽力而为，但两次尝试都被证明不合适。其结果是，墨累-达令河流域的环境条件和作为经济资源的水的安全保障一直持续下滑。近些年，这一趋势与欧洲人定居以来最严重的干旱形势混合在一起，使情况更加糟糕。作为反应，前总理约翰·霍华德在2007年元月宣布，联邦政府将投资100亿澳元对农村水管理实施改革，并从各州接管对墨累-达令河流域的控制。这将是该流域历史上第三次发展管理制度和文化的尝试，也是墨累-达令河流域以及澳洲大陆的一大特色，第三次尝试正与这种特色相匹配。

对墨累-达令河流域管理的公开讨论通常是被异议分子、分裂分子和必然论者们看成是应体现自身的特点。但我们要看到，有好几位非常著名的研究者也在努力研究这个问题。州际权限的演变被看成是进步的，因为这种演变越来越成熟和合理了。墨累-达令河流域的问题被争来争去，好像这是和它与生俱来的特点一样。尽管流域一体化管理被吹得天花乱坠，但是州际间分开的责任，人们对问题的理性的区分，单调不变的管理方式，却客观上促进了支离破碎的想法和反应。过去和现在都有很多批评的声音，可是这些声音被平淡无奇的例行公事湮没了。

为了提出改革的不同建议与方案，已经浪费了大量的精力，可是能达成协议吗？能克服障碍吗？有利可图吗？是已计划的增长目标有可能实现呢，还是有必要在危机形成后打破已形成的利益僵局？在一片混乱过后，随着社会生态学黎明的到来，什么样的制度体系最有可能出现？本书并不试图回答这些难题，而是在总理制定 100 亿澳元农村水管理改革计划的背景下，思考到底该做些什么。

澳大利亚最具有生产力和文化重要性的地区之一正面临着危险的命运。对于绝大多数的人来说，很难说得清它不是墨累-达令河流域错综复杂的政策过程中所涉及的一部分。水管理者们是充满热情的，做出了影响上百万人的生活的决定，但他们也像其他公务员一样，他们被迫使用充满技巧、千篇一律、文体平淡、枯燥乏味的语言去写出、说出自己的工作，这些东西很难引用，也不易压缩成引人入胜的文字。这类风格的演讲或文章虽然对民众是公开的，但同时也吓退了大多数民众，这无疑便宜了那些反对派，反对派们也得承认这点。正如理查德·怀特在其关于《哥伦比亚河史》一书中所解释的那样，当对水政策的继续讨论似乎无休无止的时候，大多数民众的正常反应就是与这种无聊拉开距离。水管理者们是有能力写出精彩故事的，但这样做让别人去弄懂水管理，似乎并不值得。这种忧虑是造成当代政治偏见的一个根源，它限制了特殊利益者和技术精英们的参与和决策。在我们自己的领域里，我们必须挑战权力，恢复多彩而引人入胜的水管理的伟大传奇的本来面目，这个传奇是形成现代世界最有意义的人类活动之一。我们这样做的目的就是要鼓励更多的人参与进来，为水管理的未来献计献策。

第一章　与“格伊德”灵魂的对话[1]

大多数澳大利亚人享受的舒适生活，超出了以往最傲慢的精英们的想象和经历。从短期来看，开拓者的开拓进程自 1788 年来已取得一个相当好的成就。但是开拓进程既有前进也有退却，在某些情况涉及了重大的社会和经济问题，如环境保护成本等。在 21 世纪初，澳大利亚人正在努力明确他们与大陆气候和自然景观之间的关系。他们这些所谓的成就有一定的脆弱性，这在一些有关澳大利亚环境历史的书籍中能够反映出来，如《一块土地半收成》、《赃物和掠夺者》、《仍定居澳大利亚和未来的食者们》——这些书中都描述了以非法的（开发）方式影响着未来以及有待于完成的商业事业活动。

欧洲人企图要适应澳大利亚的气候和环境，面临困难的一个较早例子是：19 世纪 70 年代和 80 年代在南澳大利亚扩大小麦种植而开拓北部疆域。这件事导致了首次关于气候变化给澳大利亚开拓进程带来主要问题的公共政策的争论[2]。在 19 世纪 70 年代，开拓者们涌入南澳大利亚北部建立农场种植小麦。乔治·伍德瑞夫·格伊德（土地测量员，提出并制定限耕线，反对盲目垦殖）提出建议，并警告说，19 世纪 60 年代的干旱将重演。而不及干旱的确来临了：被迫撤离，留下一个衰败的景象，断壁残垣重新再现。

尽管在南澳大利亚的历史上，这个数字很大（指限耕线高程）。历史学家吉斯·史德瑞克[3] 曾争辩说，格伊德的建议仍被误解了。普遍认为，格伊德所制定的限耕线是基于向全国不同地区的平均降雨量的信息收集而得出的。相反，她认为，格伊德试图解释是由于气候变化所带来的风险，而不是由于干旱带来的，气候变化是一个微妙的方面，殖民者早已习惯了欧洲有规律的四季，而且他们的这一观点依然使他们的后代感到迷惑。“格伊德路线”的故事通常被指述为一个悲情而又富有色彩的历史性事件，虽然这一事件显示了早期先驱者的无知，但对当代澳大利亚人来说意义不大。然而，应该说生物自然的现实和人类野心之间类似的斗争正在进行，在墨累-达令河流域，最近的几十年，陆地和河流的改造进程在飞速地进行着，但有关生态系统变化接近阈值的可能性及后果的警示却被忽视了。

墨累-达令河流域拥有超过 100 万平方公里的不同形式的景观、生态系统、土地利用，并拥有漫长的干燥夏天和湿润的冬天、雪原以及北方温带的气候和南方的热带气候等特点分布。它还包括了超过 30 000 个湿地，其中的 11 个被列入为拉姆萨尔公约中国际重要湿地名册，这些湿地被南部和东部的新南威尔士州、维多利亚州、南澳大利亚州和昆士兰州以及澳大利亚首都领地所划分。这个地区人口将近 200 万，为南澳大利亚州的以外 100 万人提供所必需的大部分水，并产生大约占整个澳大利亚农业和畜牧业 40%的产量[4]。这 300 万人和各种工业活动消耗了来源于该地区的河流大约 4%的水，另外 96%用于农业灌溉，这部分占全国农村和城市用水的 2/3。另外，6 个联邦司法管辖区涉及该流域，因而形成了一个独特的政治格局，这是澳大利亚其他主要河流系统所没有的，尽管有存在了将近一个世纪的内河司法水资源管辖框架，然而，这一地区的地表水和地下水的环境正在恶化，并且这两种水资源的安全性正在逐渐减弱，同时，关于未来的辩论正在积蓄着力量。

自从欧洲殖民者在 1813 年[5] 第一次跨过蓝山，在墨累-达令河流域关于水和环境管理方面的冲突就频繁发生，这两个问题已反复出现。在墨累-达令河流域，人们与赖以生存的生物物理环境之间，哪些方面的相互作用适合于通过公共政策进行管理；对联邦政府来说，哪个管辖区各自应承担什么主要责任等；这些有关个人和政府之间的适当关系的长期争论，首次与这些棘手问题相结合，这些棘手问题是指：人类作为大环境的一部分，他们对环境的权利和义务应如何界定？这个问题的历史反映了不断变化的过程：在19世纪的前几十年，政策由英帝国政府和新南威尔士州法定居民点的居民之间相互作用而支配，这个政策后来包括墨累-达令盆地的那些部分，即现在的维多利亚州、昆士兰州和南澳大利亚州。在19世纪中期，殖民地获得自治，并在1901年他们联合组成澳大利亚联邦。在后来几十年，联邦政府就应如何管理墨累-达令河流域这一问题形成了自己的视角，并一直在制订公共政策方面起主导作用。特别是最近，还包括对以下问题的日益关注，比如国际重要湿地、候鸟迁徙、全球变暖以及国际组织额外负担增多等。[6]

要了解墨累-达令河流域的现状，则有必要研究欧洲移民在过去150多年间所造成的影响变化。知识可以解释已形成的问题，如有重要意义的事件过去是如何造成影响的，他们为什么会这样做，以及对未来事件增加的潜在影响力。又如在不了解过去的情况下，尽管可以计划未来，但这些计划的实施的后果必将重蹈覆辙。

经过对墨累-达令河流域的初期殖民之后，英国政府通过批准了新兴政治机构的工作，这些机构逐渐被当地移民所控制[7]。英国政府官员努力设法解决许多重要冲突，因为他们要竭尽所能地对遥远殖民地的控制，包括开拓新殖民地，并建立适当的土地使用权制度。尽管他们作为资源管理者的角色很快就成了一个遥远的记忆，但英殖民政策的影响力对现在仍很重要。为了确定土著人土地权利的存在，殖民政策在澳大利亚高级法院的决议中被映射出来，尽管欧洲殖民者和他们的政府及他们的后裔，一个半世纪以来一直否认土著人的土地权。[8]

在 19 世纪中期，欧洲人第一次占领许多内陆地区。殖民统治可能是从南澳大利亚推出新兴起的河船贸易而发展起来的。在不到 20 年的殖民地建立期间，在 1836 年，河船进入源头及墨累河支流达令河 2 000 多公里的上游。从 19 世纪 60 年代到 90 年代，在进入铁路路网之前，数十艘船为内陆城镇和边远牧场供应所需的物资，并把宝贵而数量众多的羊毛输送出去。[9]

在干燥的国家，比如澳大利亚，其内陆河流对早期欧洲探险家和移民来说是诱人的，但治理这些河流并不是一件简单的事。要使他们的想像变为实现，有许多障碍必须克服。对未来灌溉者来说，墨累河的主要问题是大部分年径流发生在一年中不该发生的季节里。在自然条件下，澳大利亚南部河流的高峰流量是夏末和秋季。但在早期，大体而言，水需求的高峰期必须适应河流的自然流态。如果汛期来得晚或早一点则正好是（农业）需水的时候。面对大规模缺水，它缺乏足够的蓄水能力以支持大规模灌溉。蓄水灌溉在 19 世纪末期才发展起来。

要改变灌溉本质和它对农村社会新形势的潜在支持，其关键因素是获得建设大坝和引水渠道的能力。这开创了新灌溉方式的道路，这些新灌溉方式与古埃及和中国灌溉方式有本质上的区别。如在大坝修建上的改革包括设计、选址和分析方法、新建筑材料比如钢材和钢筋混凝土等方面的突破，以及增加对庞大水体和建筑结构被水侵蚀过程的科学认识等[10]。在几十年内，大型水坝及其他工程结构在这些方面的创新，使澳大利亚墨累河流域有可能转变成与这些地区相一致：比如印度北部、美国西部等。

然而，投入资金修建比以往任何时候更大型的水坝所面临的技术挑战只是问题的一部分。在基本的灌溉设施建立起来之前，一系列的法律、体制创新和新的农业文化是必须的。墨累河流域的早期灌溉提倡者严重低估了所涉及的困难。政府试图创建大型的以灌溉为基础的社区，则不得不通过适当立法以支持制定合适的机构。这就有必要允许他们在以下方面制定出具有法律约束力的决定：即水分配、强制征收水税、对横跨私人土地的水渠要严格执行驾驭权以及要有效率地处理这一系列活动。这些都要求比较规范，并且以灌溉为基础的农村居住点要有更高的合作水平和协调水平。更巧妙的是，他们必须在这些社区鼓励文化革新，这些革新能够使大家在新的体制框架下携手合作并利用创新方式耕作。有必要用类似的创意，制定管理体制和工作方法，以便通过在技术上的创新，使其现在有可能支持大型工程项目的建设和有效运行。

灌区的早期历史，特别是在维多利亚州，对观念、社会需求以及棘手的现实地理状况提出了一个有用的见解，这个见解也是几十年以来引起河流管理争论的主要原因。到 19 世纪 80 年代，维多利亚州是澳大利亚最主要的殖民地，它通过最近时期的黄金开采而变得富裕。维多利亚州人口众多，但相对年轻且政坛活跃。其政治情绪和风格通过自信表现出来，民主道德意识在采矿营地也繁荣起来。维多利亚人民为谋求利益而迁徙，其从政者积极要求创建选举体制，在这个体制中所有成年男人都有选举权。要控制结果则需要有他们的选民，殖民政府的经济侵夺是通过直接参与一系列广泛活动进行的，这类活动类似于在北美和欧洲有私营部门负责的社团。

澳大利亚殖民政府在他们各自管辖范围内是迄今为止最大的开发商，他们把促进经济增长以支持社区发展作为他们最重要的角色。在这一时期作了大量研究的历史地理学家乔威·鲍威尔称：

两个不可分割的主题吸引着来自社会各个领域的毫无保留的关注，即“人口问题”和“如何为加快经济发展而选择适合的道路”[11]。

在 1860 年到 1900 年间，政府干预或投资，直接资助那些来到澳大利亚殖民地的大约 37.5 万移民。许多公共项目、政策导向都以人口增长为主线。那些恐惧不同种族和文化的大量人口到达北方后，希望用人口增长来刺激经济增长与繁荣，最后，不仅仅是相互竞争，也包括通过必要而有效的占领，来捍卫他们新领土的所有权。

除了采矿业，澳大利亚殖民地的经济主要基于农业和畜牧业，而且获得更多土地是人口增长的关键。在澳洲大陆的东南部，尤其是维多利亚州，可耕地的新来源已经很少了。鲍威尔评论说，到世纪末，澳洲大陆东南部土地短缺趋势日益增长，留给“成群结队的土地寻找者”可选择机会越来越少，失业问题的压力促使他们漂移到城市或大规模迁移到昆士兰州和西澳大利亚州的处女地[12]。对很多人来说，这似乎是允许在比较小块的土地和干旱的土地实行更集约的发展，这是持续增长的唯一选择。对这些项目来讲，最明显的潜在的水来源是墨累河及其支流。

在联邦政府成立前的那段时间，人们清晰地看到，三个州各自在墨累河获取利益的野心是依赖于合作或至少默许一个或其他两个。相对于其他两个下游州，南澳大利亚州最明显的弱点是拥有最少的人口，同时也是最贫穷的。但新南威尔士州和维多利亚州需要在源头地区以外修建一个跨越他们共同边界的大水库，墨累河的南岸是他们的边界。此外，尽管新南威尔士州在墨累河“拥有”水，但它却为提供了大部分流量的维多利亚支流及其流域内迅速增加的灌溉而感到压力重重。另一方面，维多利亚州在墨累河的下游，想得到其可靠的水源供其灌溉区的发展，就像查福瑞兄弟在19世纪80年代晚期建立他们的灌溉区时所获得的意外发现一样，比如在米尔迪尤拉和天鹅山地区，新南威尔士州河渠正穿越各个边界，而维多利亚州政府却无法为保障可靠的水源提供法律权益。

在新南威尔士、维多利亚和南澳大利亚之间关于墨累河管理的争论由来已久，它是通过改变三个殖民地（后来的州）之间的不同关系而不同的，这些争论是由于1901年联邦政府的建立而发生的。对新南威尔士州和维多利亚州来说，到19世纪，墨累-达令河流域是其扩张的主要领地，而这两个州又是澳大利亚的两个人口最多、经济最繁荣的殖民地。定居的最初动力是由于澳大利亚羊毛业的增长，其次是在19世纪50年代和60年代，中部的许多地方和维多利亚北方地区以及新南威尔士州金矿的发现。大部分的扩张是由私人探险队通过私下里寻找新机遇而带动的，但是也有相当大部分由探险家带领的官方探险队，这些探险家有休谟、米切尔和查理斯·舒特，他们在1830[13]年沿着墨累河到达墨累河口。

南澳大利亚的殖民地于1836年建立在离墨累河口不远的阿德莱德平原上，尽管从开阔的大海直达墨累河口，只有间歇性的通道。但到19世纪60年代，欣欣向荣的河船贸易出现，商船能够从南澳大利亚州达到维多利亚州内陆和新南威尔士州。这鼓励了创业的梦想的实现，这些创业梦左右着南澳大利亚政府关于墨累河发展的想法。由于扩大铁路系统所带来的竞争，到19世纪90年代，内河贸易已经在下降，尽管这个无法回避的命运不能被南澳大利亚州所接受，直到很多年后才被接受。相反，他们期待规范水管理体系，通过对河闸网络和上游集水储存工程的国民投资，以其在夏季提供通航流量，从而复兴内河贸易，这将使墨累河及其支流变成澳大利亚东南部的密西西比河。[15]

1850年，当维多利亚宣布脱离新南威尔士时，三个殖民地（包括南澳）关于墨累河的争论就开始了。[16]在这种情况下，他们呼吁英国政府解决他们（上述3个州）的分歧，但是从早期起，英国政府就不愿干涉他们，使其自我管理之间的分歧。当时英政府的干涉，其重点放在仲裁（或公断）上。[17]随着殖民地的不断成熟和自信，他们的重点又转移到政府间会议上，但是结果仍然不能令人满意，特别是对南澳大利亚州。在一些关键性原则的协议上争议越来越突出，这个协议早在20世纪初期就签订了，然而，目前的墨累-达令河流域就是以平行立法为基础的（1853年平行立法被首次提出）。到19世纪90年代，南澳大利亚的议员和长期关注墨累河流域管理事项的专家，如帕特里克·麦克马洪·格林，提出的关于比例分摊水资源的公式的早期版本仍然实用。[18]

新南威尔士州和维多利亚州之间达成的协议与联邦政府和南澳大利亚州之间达成的关于下游河流管理的协议在风格上截然不同。新南威尔士州政府关注从维多利亚支流到墨累河的灌溉，维多利亚支流供应了大部分流量，其水量开发利用速度较在其流域内其他开发情况快得多，为了担心一些开发活动过快（比如宏伟的维多利亚州西北部运河公司的活动），在 19 世纪 70 年代，迫使维多利亚州政府通过修建平行渠道接连维多利亚支流，阻止这些支流到达主河道。[19]另一项因素出现得很早，且在一个多世纪以后仍然有很显著的影响，这就是南澳大利亚州对全流域管理这个提议很感兴趣，希望这个提议将由即将形成的新政府提出来。也许很天真，它的发言人对于“解决南澳大利亚流域管理的有关办法由国家产生”很有信心。

在 19 世纪晚期关于墨累河管理的争论中，有可能被这样一个认识所误导：即后来被提取的水的体积仅是现在被河流输送（入海）的一小部分。[20]尽管关于水的主要储存方式的提案开始讨论，但从 19 世纪 90 年代到 20 世纪初，提水已在几十年前任何一个大坝工程修建时就开始了（休姆大坝建成于 1936 年，维多利亚湖建成于 1927 年，达特茅斯大坝建成于 1976 年。建在古尔本河上的埃尔顿大坝和建在马兰比吉河上的巴林贾克大坝在 20 世纪早期创建之初，构架还相对较小，在接下来几十年被逐渐扩大）。在早期阶段，如果水位最低的季节如夏末和初秋，从河里抽取水进行灌溉，在每一年的这个时期，即使在灌溉前开始水上运输也是不可能的，哪怕是提取很小体积的水量，也都将大大延长河船不能航运的时间。

19 世纪 80 年代，在维多利亚州首次出现了以灌溉为基础的社区，它是创新工程和制度发展的产物。政府大量放弃了从英国继承的河岸法律，并且制定新法律接管了对水管理的直接控制权。这使得他们建立了依据不同气候条件下的变化的水权。事实上，这些以灌溉为基础的社区获得了从河流引水的“应得流量的比例”，而不是实际的水量。这与世界大部分地方正常的情况相比，反映了过去极端恶劣的气候变化和现在相对异常的变化（这种相对变化是指对河流流量变化及人们利用水资源的影响）。[21]他们的目标是用灌溉水去营造一个以社区为基础的民主社会，这个社区是以拥有财产权的独立的小农户为基础。[22]为了实现这一切，用限制土地所有者的数量的办法从而达到阻止由大量廉价劳动力完成的种植园的建设，这与美国南加利福尼亚的发展是相似的。水权仍和土地所有权系在一起，以打击水交易市场上的投机并阻止水的垄断及卡特尔的发展。不像美国那样，类似的措施迅速地被推翻，而维多利亚州以灌溉为基础的社区在未来世纪里都进行得很好。[23]大体而言，其他州与它的经验相类似。

墨累河流域协议的基础内容是加强前几十年灌溉发展，该协议在1914—1915年被核准，它聚集墨累-达令河流域的三个南方地区，即新南威尔士州、维多利亚州和南澳大利亚州，并联合建立了一个水坝、堰、闸和拦河坝的网络，且达成一个水分享协议以保证至少一定程度上的水供给的安全。墨累-达令河流域南方的大多数主要灌溉定居区在随后的几十年相继建立起来。对墨累-达令河流域和澳洲其他农村人来说，20世纪50年代至60年代正值澳洲贸易保护主义的高峰期。以灌溉为基础的工业从补贴、价格维持计划、关税壁垒和廉价水中获得强大支持。[24]政府继续在灌溉系统内大量投资，导致澳大利亚主要水坝建设能力在1940年至1990年间呈现几十倍的增长。[25]然而，在20世纪70年代至80年代，关于对切实可行的“保护所有协议”的怀疑开始吞噬它的哲学基础，此外，日益关注环境问题伴随着地表水和地下水系统的压力加剧而出现。[26]大约在同一时间，灌溉社区开始要求控制主导他们工业和生活的分水系统。

相比之下，从20世纪80年代到90年代，政府在墨累-达令河流域开展了一项关于体制改革的计划。在20世纪的大部分时间，墨累-达令河流域和其他地方关于水管理的决策制定，都是维护那些在传统公共事业中演变而来的机构，在西方国家，都经历了这一时期水管理的共同模式。这些机构很庞大，层次化、政治化和文化上单一，但是却把时间因素作为衡量绩效的标准。由于种种原因，他们不能应付他们简单的扩张：从储蓄水到分配水，包括的保护水质量。水质量管理问题需要与土地所有者、社区及其他政府机构和科研工作者的频繁谈判，在这些需求中，也需要不同的技术来管理蓄水运载系统。除了减少水流动性的影响外，在墨累-达令河流域的主要威胁是：在集水区通过改变土地管理的做法而造成的盐碱化和营养物污染。

水管理者现在不得不考虑和关注越来越多的环境恶化、公众利益的改变，包括创新管理模式和过去从未涉及的社会各界的政治运作。在 20 世纪 80 年代，在不同司法管辖区层面上，墨累河委员会被墨累-达令河流域部长级理事会、社区咨询委员会、墨累-达令河流域委员会所取代。新机构被设计时考虑到了广泛的政治、社区、生产力水平和环境利益。[27]

澳大利亚的综合流域管理是出名的，随着问题的变化以使评估更全面，以便加强管理。从新的集水角度整合水的质量和数量问题，包括土地、水和空气的相互作用以及上游和下游的影响，需要以研究为基础的政策和以制度为导向来强调利益相关者的参与和合作关系。它还把注意力集中于有必要制定适当的机构和将支持可持续管理的文化价值。这些变化是全球性转变的一部分。在 1992 年，联合国环境与发展会议在里约热内卢的召开，通过了《21 世纪议程》，其中有许多内容，为水利发展勾画出了一个广泛的框架。它提出了一个集水区管理办法作为政治、社区参与、解决涉及社会公平和代际平等的问题的一个最佳基础。取得成功的关键是要发展一个机构，使这个机构能处理由于长期建立的政治和行政界线而产生水资源分配上的低效率和不公平问题。

严格地调整河流管理体制

多项评估得出结论认为，墨累-达令河流域的许多主要支流的开采数量，已经超过了这些河流维持健康生态系统的最大范围。[28]在一定程度上，随着开采量增多，它的计算也变得越来越复杂。墨累-达令河流域的河流流动性已经减少，但在2000年，达到五年期审查的上限，其中，一个最权威的消息来源的结论认为，每年流出墨累河河口的中间值只是以前流量的28％（最近十年的干旱中，只有极少数时期能流出河口）[29]。在这些生态系统中，退化是有很长一段滞后期的，这意味着，在完全退化前还会有许多年，这种退化显而易见是由于当代水平条件下的开采所造成的。

在墨累-达令河流域的历史上，开采的问题不是唯一被关注的目标。其他被关注的问题还有盐碱化、水质问题等。在20世纪中期，灌溉排水被视为主要水源，但自从20世纪80年代开始，注意力越来越集中于来自旱地集水区的盐碱，占大约墨累-达令河流域总面积的98％。在墨累-达令河流域所显现出的盐度逐渐受最近发生的一些变化所影响。如增加水流改道，以减少对河漫滩的冲击；地下水层上升使已形成的漏斗区域减少。[30]在最初阶段的处理过程中，许多本土植被已被清除，新形势的土地管理手段被引进，降雨对地下水的补给急剧增长，在许多地区，已增至以往的十倍。[31]在一些地方受上升的地下水与下层土壤中的盐矿床相交的影响，向上通过毛细作用，在大多数形式的植被下，土壤表面都能阻碍雨季时盐渍的流失，从而横向进入到溪流。

在世界主要河流体系中，大规模的逐渐退化并不罕见，但也有关于墨累-达令河流域的特殊的生物物理特征，这种特殊的特征对经济发展造成的影响比它将对其他河流体系造成的影响要大得多。讨论一下如下几个人所说的“馈赠给我们的困难”。约翰·威廉姆斯和凯文·戈斯，他们两人最近把许多这类问题归因于欧洲殖民者和他们愿望之间的相互作用，而这个愿望是指：在一个干燥多变的气候区，由于古老而平坦的、盐碱化的陆地造成生物物理的局限性。[32]最根本原因是墨累-达令河流域坐落在一个几乎封闭的地下水盆地中，这个盆地仅在南澳大利亚的墨累河口处有一个出口。该集水区的顶部非常平坦，水源向西移动，在广阔的区域内，墨累河在1 000公里的距离上，海拔高度仅下降了200米。降雨也很少且多变，除了在东部，大部分集水区不为主要溪流供应任何水源。

同样与世界其他主要河流体系相比较，墨累-达令河是一个低能量系统，几乎没有能力清除本身的盐类和沉积物（指河流本身的自净能力）。大部分的盐类被带到溪流中，却没被冲出墨累河口，但被输送到墨累-达令河流域的其他地方，比如被分配到以前肥沃的低洼地或转移到具有高环保价值的河漫滩地区。相比之下，北美和欧洲的许多盐类被强大的快速流动的河流很好地排出。据威廉姆斯和戈斯所述，如果澳大利亚的地理和气候与北美和欧洲的气候类似，那我们现在的农业和畜牧业系统就不会产生像我们（在墨累-达令河流域）所面对的主要问题了。[33]

地球上的生物物理已经发生了迅速的变化，这引起了大范围的环境破坏和生产效益持续的衰减。而要扭转这一局面是非常困难的。据威廉姆斯和戈斯的观点，扭转这一局面所需的是“土地利用和景观植被系统要模仿过去覆盖在流域的自然植被”，[34]而如何进行这方面的工作是有争议的。土地使用制度既可以达到所需要的生物福利又要创造合理的收入，这同目前主宰这一领域的不可持续活动一样，至今还没得到发展。另外，在墨累-达令河流域的大多数干燥地区，农民的平均年龄正在迅速上升，这预示着他们的财产不会一直传给下一代，下一代子孙频繁地选择离开土地，而不是从父母手中继承土地。背后这些数字在主要商品贸易方面呈长期下降趋势。产量和效率的提高速度已经减慢，然而这一趋势又无法扭转。[35]结果是农业收入水平如此低下以至于一些地区用于环境改善方面的投资，不可能会有显著的提高。

墨累-达令河流域现在是一个严格改造过的河流系统，同19世纪中期第一批欧洲殖民者发现的样子相比，发生了很大的变化，尽管其环境的演化经过数千年的时间发生着很慢的变迁。而今天由环境影响所塑造出来的动植物群体与现在占主导地位的动植物群体是完全不同的。环境状况在近几十年内将会出现怎样的变化目前还很难预测。在1991—1992年间，达令河经历了世界上史无前例的最大的有毒海藻事件。这可能是仅能被理解的所有惊人事件的一个。

由于来自于增加及发展的压力，自然系统变化的阈值的风险，现在已经在世界范围内被广泛地意识到。在2005年，专家们发表了关于解决这一问题的一项报告《千年生态系统评估》。由于受联合国任命，报告通过大量的调查并提出建议，这些建议需要政府和环境管理机构充分考虑：

- 不同的生态系统服务部门趋向于本行业的工作时间表，使得管理人员难以充分估计（不同服务系统的）贸易平衡。
- 各种直接和间接的惯性一旦被确定，是有很大区别的，并且它深深地影响着解决与生态系统相关问题的时间框架。
- 由于栖息地的丧失，所导致物种的灭绝过程，存在着显著的惯性：即便栖息地的丧失到近日已结束了，还要花费数百年来使物种达到一个新的而且很低的平衡点，这一新的平衡点是由于过去几个世纪栖息地的变化而引起的。
- 非线性（偏离自然而非平缓）的变化，包括加速的、突发性的和可能发生且不可逆转的变化等，已普遍在生态系统及其服务领域出现。
- 权衡轻重，人类的变化正使得生态系统中生态学因素的弹性减少。
- 一旦一种生态系统已经经历了一次非线性的变化，要恢复其原始状态也许要花费几十年或几个世纪，并且有时可能会永远都无法恢复。[36]

以上是长期建立起来的生态学领域中的原则，并且在理论层面上再无创新，然而在实际中，他们仍未形成墨累-达令河流域的水源管理的内部条例。并且这也说明了需要在研究领域投入更大的投资，以提高对复杂系统的理解和对预警机制的更多关注。

在研究这些问题的众多研究者中，最杰出的是被国际社会和一些自然科学家称之为“恢复联盟”的成员，这其中包括布兹·豪令、兰斯·甘德松、艾琳·奥斯特姆，以及澳大利亚科学家尼克·阿贝尔和伯安·瓦克。[37]他们已经尝试发展一种概念性框架，这一框架将有利于提高对复杂社会生态系统及对干扰的反应方式的理解，尤其是来自于紧张的经济发展方面的压力。这引起人们对生态系统中弹性的作用和改善它的必要性的关注。当控制生态系统的关键过程被损坏时，最重要的是要关注那些会导致不可逆转的变化的初始因素的开端。[38]他们认为跨越这种开端的结果，很有可能是“缺乏适应性的生态系统、存在比较僵化的机构和比较深的社会依赖性”。[39]下面一个例子是关于当社会依赖单一农作物时所发生的事：爱尔兰在 19 世纪 40 年代的经验说明，农村贫困人口对马铃薯的严重依赖使他们深受马铃薯枯萎病的影响，由此造成的结果是使人口在几年内由 800 万减少到 500 万，100 万死亡和部分人口的迁移。“恢复联盟”认为，为了避免这类事情，我们必须保护自然和生产系统并通过保护他们的多样性和关键生态过程，以确保他们改变已经相应变化了的环境的能力，避免依赖一个有限的活动范围并且这种活动可能受到扰乱的影响。

最近一个时期，一个类似但不是那么严重的低水平改变的例子是：西澳大利亚州种植小麦地带的盐碱化。根据国家土地资源和水资源审计的《2000 年澳大利亚旱地盐度评估报告》中记载，受影响的土地范围改变的数据中，表明在西澳州超过 400 万公顷的优良农业土地有高盐碱化危险，并且这一数据有可能到 2050

年翻番。[41]一个最近在澳大利亚联邦科学与工业研究组织的水文学家汤姆·哈顿引用一个关于“地区盐碱化”的研究结论，其大意是：

如果50%～80%的小麦地带恢复林地，盐碱化蔓延可能停止——但即使达到这种再生水平，它将需要几百年。[42]

据报告的作者们看来，这个灾难事件并没有引起社会的关注，也不知道它已成为亟待解决的问题。研究人员在早20世纪20年代曾警告这种风险，并且在50年代确认这种风险的严重性，到70年代和80年代，这个问题是在视觉上显露出来，然而西澳大利亚州政府在20年以后对此仍没有足够的认识。

在墨累-达令河流域，关于这一情况仍有许多相似之处。首先是政治系统有没有能力对相关研究进行评估；二是可持续性定义的含义包含着要考虑发展伴随的环境问题、社会经济因素等，但西澳大利亚的实例表明，这不是一个简单的问题，还要考虑和权衡另一方利益以及在政治上的可接受性。在某种程度来说，要达到一个可持续发展的水平，生物物理层面还要考虑在内，否则持续的环境恶化将会最终淹没那些备受关注的其他社会和经济活动所获得的短期利益。三是面临这样一个困难：在做出某种决定（如规划新的工程项目）并向社会提供长远利益，实际情况是目前的特殊团体和个人利益都是以牺牲下一代的利益为代价的（是经济学中所指的代际公平）。在目前的一个制度安排下，它要么是由于超额分配水资源，要么就是由于过度开采地下水。尽管这样对每个新项目的提倡者是重要的，而且最终的效益总值也可能是最大的，但是，对于扩大的环境利用带来的边际效益可能是负值。我们如何能够阻止这种进一步的扩张？

此外，还有联邦制度的角色，这可能看起来联邦政府没有理由介入，因为西澳大利亚州小麦“生长带”的问题只是被包含在一个州内。不过国家的机构如澳大利亚联邦科学与工业研究组织在研究和宣传旱地盐碱化问题上发挥了重要作用。虽然州政府对此感到不安，原因之一是重叠的司法管辖区的存在，这使它更无法压制对难以解决的问题的争论。这一点从以往的例子中已得到证明，同样可以论证，联邦制度在墨累-达令河流域提供了相同的利益。

在新南威尔士州的西部地区的历史上，有类似的问题可供参考，那就是著名的皇家委员会在1900—1901年间关于实施住户情况的官方调查报告。这项调查为欧洲通过“在前半个世纪气候和景观相互作用的过程评价”提供了证明文件，并且为将来的管理做出了一系列的建议。虽然，他们在实际中很大程度上被忽视了，但在当时却被认为特别地有见地。西部地区可以在不同层面上被告知，这是一个长期的但比较成功的案例，它是关于以羊毛为基础的畜牧业发展如何调整以适应环境。[43]西部地区的事例表明关于如何实现可持续发展的争议，不能理解成一个简单的结论：即人类与特殊环境资源的生物物理的关系，在一段指定时间及地域范围的情况下，依赖于羊毛的产量。它不只是关注一系列具体的相互影响和“正确的结果”，而且是需要一个持续估价鉴定的过程。

另外，这些有警示意义的历史事件，发生在墨累-达令河流域的维多利亚北部的富裕农业区域。在过去的150年里，那里逐渐被大片终年绿色的植被覆盖。并且那些绿色植被更多地提高了地下水的再控能力，这改变了水文地理的周期，即地下水上升和地下水控制的干湿气候期。在前期发展状况下，地下水的水位在地表下20～25米，因此其变化对地表植被无直接关系。然而，现在的地下水位非常接近土壤表面。因此，用来供地下水量浮动而不减少产量的缓冲地带就变得非常狭窄。

在70年代初，连续雨水致使水量丰泽，几年后由于水位上升而引起盐碱化及水涝灾害，导致许多核果类农作物每年损失30％～50％的产量。这个问题首先得到了公众的广泛重视。当时，据估计，有半数以上的地区处在有风险的高水位区。此后，由于一系列工程干预措施，其中包括一套每年可抽走100多万升地下水的水泵系统，使得该状况得到控制。虽然在短期内很多这样的水都被回收利用，但由于聚集了地表附近浓缩的盐分，随着时间的推移，地表将逐步变得更加盐碱化。为防止含盐碱的废水被抽到墨累河及其支流中，存在潜在的影响，所以，抽走地下水只是提供了一种管理手段，而不是一个长期解决办法。当这些地区遭遇下一个湿润气候循环时，就使得其经济和社会财产都非常脆弱。在格尔伯根断裂山谷，历史上的地下水管理对现在的土地和水的管理有许多教训，那个山谷是墨累-达令河流域最肥沃的山区之一。最值得注意的一点是，今天的困难的形成是数十年前对未知因素无知的结果。由于与格尔伯根断裂山谷地区的集水区有同样的增长和发展方式，使得墨累-达令河流域的许多其他地区已经被严重地损害了。迄今为止，由于各个生产型的利益集团关于环境复原工程问题的讨价还价的争论，结果只有非常小的让步。为较长远的可持续性和资源安全，这些争论将需要考虑到比过去已发生的案例中的更多因素。

自　然　之　水

法律法规需要考虑水的生物物理特征及不同的人与水的不同利益关系，这一点如果他们最终接受，无论从扩张或功利的角度来看，水是许多人群不可或缺的文化特征，包括从澳大利亚土著人、印度人、穆斯林、佛教徒、基督教徒到盖亚（大地女神）信徒及其他有同样观点的人群。再就是由于水是生活必需品，许多人坚持认为获取水是一项权利而不是一种商品。任何企图控制和管理这样一个要素总是要引起争论的。

事实证明，水作为一种多用途的资源，全面妥善地考虑其性质是非常困难的。由于水与人类社会的关系，使得作为一种管理对象来定义‘水’的过程变得复杂。看待水若像看待土地那样：

是可以被占有和管理的商品以及享有权等，压力是很大的，而且易导致巨大混乱。对比土地和水这两种资源，二者有很大的区别，大体而言，土地停留在一个地方而且物理尺度可以界定；然而，水就像空气，从人类到植物再到其他的循环，以致飘忽不定。一个具体的水分子通常可以从大气层发展成一条溪流，而溪流又为动植物提供生存环境。不同的时候，它可以支持水上运动、浇灌庄稼，成为地下水渗透而带走附近地层的盐分，或是部分汇集成溪水从山间流出，从高到低到达河口，最终入海，对鱼类繁殖和经济活力的沿海城镇也带来极大的影响。对当代社会和水政策制定来说者，其中一个问题就是给水的部分用户何种程度上的支持是适当的，而不是其他，包括如何让他们简单而明了地控制水权？

在 1968 年，盖瑞特·哈丁发表了一份名为《下议院的悲剧》的短文，他在文章中认为，过度使用共同资源是难以抑制的，例如公用牧场、鱼类和水。[45] 批评家后来指出，很多自然资源系统的成功管理的例子有其共同点，这个论点较适用于开放性资源，缺乏任何有效的总体体制框架，可以控制和规范部分用户的行为。在公开获取资源的情况下，由于任何约束只会增加竞争对手可用量，所以都是在各自的利益下扩张自己的消费。最终的结果是对每个人都没好处（这类似于公共地悲剧），资源最终彻底枯竭。

在墨累-达令河流域，由于自然资源在司法管辖框架范围内的限制，水作为一种开放利用的资源，伴随着所有的风险。在尚未成功地建立有效的体制过程中，各国政府有责任保护其人民的利益，防止自然资源的持续退化和减少。一份由政策分析家斯蒂芬·戴沃斯收集整理的名单，所涉及的是提供的典型环境问题，如一些涉及水资源的可持续管理等。他辩称，他们作出的环境可持续性问题，从根本上有别于其他的政策问题。他们在这个领域已经辩论了很长时间，并且已经跨越了既定的行政边界。除了有限的限制外还有较模糊的界定，但是把他们考虑到经济系统之内还是有一些的难度，在短期成长过程中，承认这种限制是大家都公认的。环境系统往往在发生难以预料和难以逆转的重大事件时，遭受破坏甚至造成重大损失。当带来的利益是长期的时候，在政策的选择上就有很大的不确定性。许多影响是日益增长和相互作用的，确立已久的管理模式可以与过去相比突然产生极为不同的结果。问题更严重的是，由于主观人为因素的增加，是很难顾及不同的社会阶层矛盾的要求以及所产生的道德和道义上的考虑。[46]

纯粹而新颖的可持续性问题，使他们难以在传统的管理方式和执政方式下来处理。对于政党来说，当代水管理使其产生新的分歧，即忽视了传统的党派界限。对于特殊的水资源政策问题，是否应该看作公共还是私有，《卢布斯特准则》中的定义很难得到发展和维护。由于传统科学的预测能力仍将受到限制，这就是助长了重要而潜在的因素日益严重，甚至产生危机。尽管发展趋势和一般生物物理过程有很多相关过程的记录，但管理人员、法院包括老百姓，谁将会影响他们（政党）的决定，以及在此过程中的信心及结果，常常是难以预料的，包括具体行动之间的联系以及对具体的后果是否有足够的把握和认识。此外，经济体制在惩罚那些对环境产生不利影响负有责任的人或奖励那些通过采用可持续的管理做法，而导致额外费用等方面，是没有足够能力的。尽管人们对这个所谓三重底线的方法上越来越感兴趣，而会计制度在捕捉环境的或社会的成本和效益上仍然无能为力。法制系统是常常无法惩罚那些对环境产生不利影响负有责任的人，也无法奖励那些采取潜在的补救行动而往往不能明确计算成本的好心人的。总而言之，从21世纪的主题角度来看，是否已经在用谈判的方式制订有效的方案，包括现有机构在执行解决方案等问题的努力上能否取得很大进展还是个问号。[47]

全国水试点

在澳大利亚，全国水试点是已经设计出来并处理水问题的一项政策框架。它将识别从水资源中获得的巨大经济利益与强有力而且必要的整体管理制度是否是相结合的，是否是具有可持续性的，从而保持将来的使用者和目前的用水户在未来的共同利益。它也表明一种意识：即为保护经济利益，水资源管理政策必须被更广泛的社区所接受。如果经济活动和水管理在一个政治上稳定的环境中被执行，这意味着其他债权——除了那些带有经济基础的以外，环境的、社会的、文化的、审美的和宗教的，都必须考虑。

一个多世纪以来，澳大利亚水管理一直被政府公务人员所控制，他们运用行政方法来分配有大量津贴的水资源。在这段时期的大部分时间，各州政府及其官员们在推动提高水资源利用方面处于优先地位。作为国家建设项目的一部分，可以追溯至19世纪中期，其目的都是利用水来创建农村社区。为做到这一点，政府积极寻找这种人：通过公共储存资金和分销系统使水资源能够充分使用。关于可使用水的体积的数据，以及可使用水从哪里来和它往哪里去，这些都很重要。但除非在干旱时期，否则很少关注超额提取或必须地去平衡优先（占有水）顺序。

在每个区域，这些经营者在计划如何扩大利用灌溉水方面有相当多的自治方式。结果，随着时间的推移，关于地区之间权利和分配制度的许多不良的记载，表明了当地有特色的社区与他们任期多年的水资源经营者之间关系的变化。几十年来，尤其是发生在20世纪50年代的扩张时期比本世纪上半叶雨量更充沛，这段时期的大部分时间，开发仍处于相当温和的水平，水交易也较少，这意味着区域间的矛盾不是一个重要问题。

今天，水资源管理的背景已发生急剧改变，国家水试点回应了近年来已发生的许多变化。澳大利亚联邦政府和州一级政府近十多年来，曾经历了一个哲学转变：从一个“民主的社区建设”到一个“更加严格地关注和促进经济增长”的转变。同时，已出现了一个正在形成的共识，许多水文体系在环境恶化下正处在严重失控状态，并引起许多参与者的扩张行为，这些利益相关者决心影响水资源的政策和管理。相关产业、社区和利益集团要求在详细资料获得和决策制订过程的更大投入，这些（资料、决策）影响他们及其所关注的问题，并逐渐地把他们自己投身于强大的宣传团体，能够并愿意通过政治和法律行动以争夺决定权。

由于国家水试点的实施而产生的变化将是巨大的。澳大利亚政府运用他们对水资源管理的控制权，创造了一个以权利为基础的制度，即以灌溉者、城镇环境本身、被认可的利益相关者之间严格界定的权利为基础。就质量、范围和信息容量来看，新系统具有异乎寻常的要求，它与正在被取代的旧的行政管理体系相比较，需要起更大的作用。为了管理和竞争，要求水文体系服从于集约化发展，水资源管理者现在需要更精确的资料和控制过程，这将使他们进行慎重考虑，以权衡一系列的对方的利益。与过去相比，定义模糊和不完善对水资源管理系统的开发来说，将是一个更大的威胁。那么，尽管现有的数据往往严重不足，以及各利害关系方的权利和责任在某个问题上只是模糊的界定，但水系统管理员基于他们对问题的考虑和评定，仍然可以做出决定。

以前的水资源管理者，以及大多数在社区里工作的人，他们的现实目标通常是减少发生冲突的可能性。因此，在干旱时，对水消费的控制是必须的，这就要施加强大的社会支持。现在，为达到一些目标而加强控制，反映了当代水管理实现一系列的目标时，这种支持往往是缺少的。但是，在许多区域，严格遵循的制度需要越多就越反映出这些新情况还没有得到发展。

直到数十年前，那些能够运行而且还是相当好的旧行政管理体制，已正在被一个基于权利的体制所取代，这意味着可以在很大程度上实现自我管理。尽管裁员的意图已被行政官员酌情决定，但在新形式下，当纠纷变得棘手时，他们很可能在法庭上被律师和仲裁员解决而结束纠纷，而不是被行政官员或政客解决。这个始终存在的可能性将会塑造权利和责任被界定的方式，同时也将影响其运作的必要信息及其属性。在这个背景下，以前可接受的数据标准和权利义务的定义将是行不通的。

澳大利亚政府类似于在国家水试点进行中的一个代表们协商的平台或论坛，而且是在最近一系列体制进程中不断更迭的，并且能够协调澳大利亚联邦体制中的两级政府。国家和各级政府之间经过一个世纪的斗争，后者已逐渐变得更加强大，但前者仍然在继续寻找阻止其（如州政府）意图的有效方式，澳大利亚政府联席会议使得政府和许多联合起来的领域在宪法上的责任得到协调和发展。在澳大利亚政府联席会议上，联邦政府的财政支配及澳大利亚联邦制度赋予了它的控制影响权，但是联邦政府的宪政也允许他们选择退出（他们认为合适的）某一特定政策项目。在短期来说，这已为联邦政府提供了一个增加权力、减少管理压力的方法。

国家水试点是一个在古老的故事里的一个新插曲，而不是一个解决问题的政策，它应被看做一种意识形态的战场，那里的地形已被重新安排，但与过去的“敌人”之间的冲突仍将继续，同时也为确保控制未来的澳大利亚水资源管理取得胜利。

长久以来，水政策对澳大利亚政府来说一直是一个艰难的领域。在长期讨论中，一位资深的英联邦政府内阁部长形容关于达成国家水试点的早先协议的经历，就像在烟尘中摔跤一样。2004年6月通过的国家水试点方案被澳大利亚政府联席会议进一步完善，而澳大利亚政府联席会议是从1994年水利改革计划中发展起来的。追溯至19世纪后期，从澳大利亚殖民地大面积取消河流权利而建立起政府控制水权起，这在悠久的水利政策上，国家水试点还是最新的产物。该国家水试点提出了一项雄心勃勃的计划，以调整水资源管理，以及在一个强有力的管理框架下，改善和保护地表和地下水文系统，以促进经济增长。在澳大利亚天然资源管理政策背景下，国家水试点的产生应该说不是一个怪现象。在一些政策领域如渔业、森林，类似的努力也正在进行。像国家水试点一样，他们也将获得最大生产率，同时起到保护环境资源。但这是很难平衡的，而且经常遭遇到政治上的反对。

要正确理解国家水试点，需要在一个广泛的国内竞争政策背景下进行，这可以说也是澳大利亚政府联席会议最关注的问题。它不仅仅是企图解决澳大利亚有争议的水资源管理问题，其目的也是要把一个半自治的国家融入一个更加统一的国有经济和社会中。在水政策领域里，国家水试点打算通过加强管理，鼓励水交易和减少各州的边界纠纷来促进这一进程。近 150 年来，在农业和畜牧业发展的南方，国有资本控股的城市大部分利用墨累-达令河流域水资源，实际上创造了三个相互竞争的经济活动中心。从 19 世纪晚期到 20 世纪中期，这三个州在他们腹地建立了以灌溉为基础的社区，并提供资助的水资源和其他多项服务，以促进他们成长。同时，他们研制的铁路网路已经将他们和他们自己的政治中心相联系，并劝阻跨越州界的贸易。这些社区和政策的目的定位是用来促进和开导那些决策的制定者们，因为这些人正承担着培育以州为基础的经济体的任务，但是，在这种情况下，至少他们现在仍缺少一个国家或全流域的意识。

政府不仅政策目标发生了变化，在采取的方法上也发生了重要变化。在环境管理领域，政府不再像早期那样用惩罚的方式，而是用奖励方式；在机制上不再采取命令控制机制而是采用市场机制。澳大利亚在环境管理领域很少用强制性管理体制，根据法律研究员格里·贝茨的介绍：

法律一贯赋予决策者广泛自由权，没有规定他们应承担的责任。虽然在对自然资源管理问题采取适当措施方面，通过一系列管理工具是必要的，然而，衡量决策制定成功的标准与法律目标是相悖的，同时，法律一般都缺少反应政策、项目、决策层面的要求。[50]

对于环境管理出现缺陷的许多原因都可以提出来，然而我们不能不怀疑的是：政府可能不会把它与其他管理如广泛受到社会关注的问题同等看待。看来能够让政府引进奖励变革的机制，以寻求对惩罚那些在任何可能情况下都逃避监管的负面行为的法律支持，并得到广泛的拥护。随着逐渐受到支持的市场过程的发展，如果这种机制设计得好，就会为更多持续行为提供诱导，同时也会释放出追求自我利益的附加能量。

在相同的领域内，试图通过建立由不同部门操纵的监管体制，来促进自然资源充分利用的方法，而不是新的举措。可以追溯到澳大利亚 19 世纪早期的地租及其运用，这仅仅是政府实施复合目标管理政策方式的一个例子。早期的牧地地租就是为了在相同区域内，允许牧人放牧的同时，还要保护长期形成的原始狩猎权而设立的，这是一个用于平衡竞争目标的较新的例子。既然这样，环境保护和以木材为基础的产业，是基于区域森林协议，而关于森林的争议在澳大利亚已导致了严重的政治困难，特别是对执政的工党政府，而不是在 1983 年和 1996 年间的工党政府。其中主角是林业产业工人和环保群体，都是那个政党确立已久的支持者。

区域森林协议的目的是为了保护那些具有高度自然价值的森林地区，以及提供木材工业和能源供应的安全性较高地区，它与国家水试点里的某些组合（如资源利用与环保主义者）非常相似。但区域森林协议最终在环保群体中还是失去了信誉，这些群体越来越多地把他们的努力集中于可供选择的政治行动。可见，去建立一个能够使平衡环境和生产利益可信的过程是非常困难的。当然，也存在和各州政府未能有效地参与区域管理有关。尽管追求生产利益值得同情的，但面对越来越多的公愤，木材公司已不能保障安全供应木材。他们也没能使得自己在环保方面免遭批评，从而导致一个日益走向极端的辩论。这段历史强调了参与实现这些妥协所面临的巨大困难，并暗示一些危险，这些危险是由于处理政治上具有争议的环境问题失败而导致的。

作为水资源管理方面的主要国家政策性文件，国家水试点提供了正式的标准，它反对墨累-达令河流域中以往的实践经验。这主要是由于墨累-达令河流域的相互作用的影响因素过于复杂而使得其在本质上难于管理。在该区域，水管理的问题在于除了一般的利益团体外，还涉及政府本身。墨累-达令河流域中的冲突还在于以联邦体制为中心，并有可能影响其他相关政府的问题。虽然从表面上看这些问题与水资源根本扯不上关系，但这个压力的产生和在联邦制度中水问题的产生，在墨累-达令河流域是非常明显的。联邦政府将在制定政策和提供资金方面发挥主导作用，但是各州实施及控制上，也受到在财政方面的间接限制。是为了更好地协调还是尽量维护州自治的需要？这两者间的紧张关系导致在国家水试点里的一些混乱的妥协。他们尽管改进了并已被接受，但他们是否会为未来作出贡献，还有待时间的检验。

12 个月前，国家水试点已获澳大利亚政府联席会议核准了一项具有影响力的声明，题为“国家水资源蓝图”，该声明是由一些高级生物物理科学家和社会科学工作者联合公布的，这些科学家和工作者被统称为“温特沃斯集团”[52]。该集团的建立是为了影响公众辩论和政府决策，它已被世界生物基金会授权协调澳大利亚有关事务。他们的目的是为转变官方政策而聚集了一揽子研究计划和提议。该集团认为，有必要提高澳大利亚淡水供应系统的环境可持续性，尤其是利用墨累-达令河流域，并提出一项计划以促进经济发展，保护环境可持续性和提供清洁的水资源供人们消费。“蓝图”建议构建一个新的水权系统，以鼓励节水贸易和促进经济增长，但必须符合自然生态进程。在“蓝图”出版后，紧接着是关于“国家水试点将是什么”的草案的提出，以及全国范围内的磋商，包括联邦政府、各州和主要利益集团间的近似狂热的谈判，最终迫使澳大利亚政府联席会议放权。

增加温特沃斯集团影响的一个重要因素，是其就复杂的一揽子建议如何能成功的连贯实施，其中这些政策建议数十年来一直引起争议。这包括1994年的澳大利亚政府联席会议水利改革计划、澳大利亚和新西兰的农业资源管理理事会工作方案、新西兰环境保护委员会1999年的三方协议和2002年澳总理建议的一项研究战略，该战略是关于如何实现“环境上可持续的澳大利亚”，它提出把水放在4项国民优先事项的首位。这个背景非常重要，因为它表明国家水试点是长期的历史政策发展的产物，而不是没有相关决策者匆匆批准的一个反常现象，国家水试点的建议者有机会充分了解其内容、理念及实施方针。

在国家水试点的演化过程中，它的关键部分是国家竞争委员会。该竞争委员会有利于检查国家水试点在环境问题上的研究方法，以便更好地了解国民政府在准备国家水试点中带头处理水资源影响的诸多行动。2004年全国协商委员会提出其关于“为生态系统供应水的国民原理”的关键因素的摘要，这个摘要由澳大利亚和新西兰的农业资源管理理事会以及新西兰环境保护委员会共同产生，包括：

1. 承认江河治理或对其实用性的消费（如水利用）在生态价值上的潜在影响；
2. 为生态系统提供水，应该在最佳的科学资料基础上，获得必要的水资源特权以维持水生生态系统中水资源的生态价值；
3. 环保用水的规定应当在法律上得到承认；
4. 在一个既要考虑现存使用者又要考虑其他水资源利用者的权利系统中，用于生态系统的水资源的供应，应尽可能符合用于维持水生生态系统的生态价值以及适应现存水资源管理体制；
5. 环境用水要求得不到满足的地方，现有的用途、行动

（包括再分配）应符合环保需要；

6. 进一步分配水资源的任何使用，都应当保证能够维持自然生态过程和生物多样性（即生态价值应是持续的）；
7. 在环境用水的各方面管理中，职责应该是透明的，并有清晰界定；
8. 环境用水的规定应积极回应环境用水需要的监控和提高对环境用水需求的认识；
9. 所有水资源的使用应根据它的经济价值进行管理；
10. 合适的需求管理和水资源定价策略应当用来协助维持水资源的生态价值；
11. 以提高对环境水需求的认识而进行的战略研究和应用研究是必不可少的；
12. 所有有关环境、社会和经济的利益相关者将参与水资源配置规划和对环境水供给决策的制定。

上述摘要的重要部分是要求优先满足水文系统的环境需水要求。考虑到必须维持生态价值，资源配置就应以最有可能的科学信息为基础。如果有必要，就要将额外的水再分配给自然环境以此保护生态。此外，牵涉到的地区以及人们要兼顾自己的利益、生态利益、社会利益和经济利益 。

国家水试点正尝试在公共政策框架内行使权利，在一个水资源管理体系中，政府、水务局、个体用水户、灌溉用水者等这些利益相关者之间的关系，在一个多世纪的相对稳定期之后发生了很大的变化。几百年来，政府与用水户的利益非常相似，政府以水作为推进社区发展的工具，并未考虑到环境问题。在这期间，即使水资源供给“紧缩计划”在一个合法的远景中被忽略，但补给责任在生物物理环境名义中占据了相当高的位置。“变化”通常是应对干旱和对未来补给考虑的行政结果，也是所涉及的地区认为是合理且有必要接受的决策。在最近几十年里，这种利益的一致和谐已经被打破。在 20 世纪下半叶，这种持续的转变已经引起严重的环境问题，而且在用水户之间也加强了竞争。当政府减少了合法的权利时，使人们日渐对补给可信度产生动摇，一度呼吁产生更好的合法权利。

如果产生的权利适用于那些尚未被争取到的公众追求的政策目标，而且与水资源状况相适当，那么，解决促进经济发展与保留或提升保护环境的惯例的灵活性之间的紧张关系，是有很大的确定性的。在理论上，国家水试点试图通过在一系列权利产生之前，借助于所有系统修复、维持生态平衡来缓解这种冲突。危险的是建立维持生态平衡体制的程序不足以重新获得水资源和达到此状态的灵活性。如果对不同类的水资源权利的合法认可和那些坚持要求保护生态而很难得到结果的问题赋予更强的政治力量，那么有一个真正的危险就是水资源财产权将因为高比例的水资源供给量而被扼杀。若该情况发生，河流环境将继续衰竭，资源也将进一步被侵蚀。

国家水试点在如何对待气候变化的议题上给了一个暗示：政策决策者们在试图平衡和明确水资源权利的竞争时，面临着与维持生态平衡相抵触的很多困难。对于政府与水资源计划者、永久水资源权利占有者等利益相关者来讲，主要的忧虑就是面对干旱与气候多变冲击未来而产生的隐患，政府将承担什么责任。在国家水试点中，第 46～49 节提出了应对气候多变的处理准则，但他们并没有缓解基本的压力。第 49 节试图通过一个“两步走方案”，协调生态平衡和人们能够理解的法律保护的产权。在初始阶段，无论维持生态平衡的需水流量多少，不需要水资源拥有者们作任何补偿的。在开始实施阶段，如果那些变化是附加政策改变的结果，或是 10 年后有至少 3％的减少量，这个变化才会得到补偿（在 51 节中，如果各个利益相关者都接受如美国为“达到平衡、分配减少”相适应的费用模式，政府则会同意。这就意味着会根据变化作一定补偿）。

虽然这种安排可能对环境有利，但是要求暂时放弃容量，以此逐年缩小消耗圈。当越过3%的门槛，引起补偿的要求，因此对消耗圈的大小给出一个稳定的定义就变得非常必要。没有一个明确的基线，就很难计算出3%到底是多少。在国家水试点处理水计划和永久的权利中，因为缺少对消耗圈逐年改变的考虑，一个稳定的容量定义得到了默认。

相反，第48节要求变更者们无偿地承担气候变化和诸如原野大火与干旱等周期自然事件带来的危害，尽管可能遭遇较小的变化。那就显示出与环境改变相应的消耗圈大小的变化的重要性。但如何确定、以什么样的方式计算分配量的3%的变化，且要与消耗圈一致？当基于行政公共政策原则，一套强硬的财产权利被用于水资源管理系统时，这只是发展中的冲突之一。

基于强硬法律效力的水资源分配系统如何发展，穿越美国西南7个州和墨西哥的科罗拉多河流域就是一个典型例子。美国西南最著名的水资源法律因为“权利”作了很大的改动。李凯是一个对北美水资源流域管理作了彻底分析的研究员，他的意见对水资源管理产生了一个违背常规的后果：

> 西方水法（如美国）来源于被误解很深的社会机构，这就迫使那些处理问题的人走了弯路，往往与从实际经验中得出的教训相偏离……水利权认为利益属于权利拥有者。它不承认另外的一种主张，即流动的水已经被定义为一种是有多种用途、多人使用的资源。[55]

科罗拉多河流域被大峡谷分为上游和下游，大峡谷被科罗拉多河拦腰切断。下游包括南加州、亚利桑那州、内华达州和新墨西哥州。人们用这部分的水发电、灌溉和饮用。尽管在过去很多年河水都源源不断地流进海洋，但人们对水的需求欲望有增无减。

这些州及人们之间分享水资源的故事成了美国西部的伟大史诗之一。“河流法律”这个集合词被认为是条约的主体，在科罗拉多河流域，这个词还为管辖区间的水资源管理立法和裁决提供了合法的依据。河流法律的最早和最重要组成部分之一是 1922 年商议的科罗拉多河契约。这个契约的促成因素是当时最高法院作的一个决定：即优先权的合法准则“时间第一，权利至上”，并在整个州推行。这就意味着改道的河流水资源将对加利福尼亚州经济与农业的快速发展起到重要作用的同时，就整个流域对水的需求来说，明显地减少了其他州的发展潜力也是不容置疑的。强烈的政治活动促成了一次全国会议（新墨西哥州除外），并达成了一个协议：将科罗拉多河水域平分为上游和下游，并给下游的州 100 万英亩土地，以鼓励他们接受交易。

1922 年的契约后来被写进 1928 年通过的美国议会法案。这就限制了加利福尼亚州“不可废止而无条件地”拥有 440 万 MAF（水量单位：1MAF＝1 百万英亩·英尺＝1 233.48×10^6 立方米）的权利，这个权利是允许联邦政府修建胡佛大坝的先决条件。后来的许多年里，加利福尼亚州无视这个制约，使用了更多的水，直到在与亚利桑那州长久的法律之战结束后的 1963 年，最高法院再次承认了早先的决定。1928 年的法案给流域管理的联邦秘书处指定了责任：即全面协调和执行流域下游水资源的分享计划。河流法律的其他重要条款，还包括 1944 年与新墨西哥州签订的水资源分享条约以及 1973 年的环境保护法案等。出人意料的是该河流法律几乎没有明确（诸如清洁等）水质量问题，这在与新墨西哥州签订的条约中，已经将水资源分配可能产生的利益一扫而空。

据说 1922 年的契约规定了一年分别给上游区域和下游区域 750×10^4MAF 的水量。在上游区域，大部分水的来源是每年供应 7.5MAF，更确切地说，每 10 年是 75MAF，加上被三个下游州所分配额外的 10^6MAF 水量。此外，到 1944 年起这两流域不得不从他们分配的水资源中向新墨西哥州提供 1.5MAF。科罗拉多流域的分流主要基于估计的 16.4MAF 的平均数，而

16.4MAF是基于收集到的数据并在一系列丰水年中得到了证实。然而，较近期的分析，揭示了近期大概是13.5MAF的水量，这个数字超过三个多世纪的（最大）流量。它在极端年份低至4.4MAF或高达22MAF。长期记录显示，该地区正在经历着500年来最严重的干旱之一，有可能得出长序列的枯水年纪录，且正在经历着气候变化的威胁。尽管他们预计增加流量将在更随机和更极端序列里，但将严格的水资源分配公式运用于下游流域，其管理制度的安排目前正承受着巨大压力。

若将平均水量从16.4MAF重估为13.5MAF，则不会导致整个分配的减少。上游流域所涉及的州正被要求在10年里向下流域地区供应75MAF水量，并接受重新评估所带来的所有影响。为应付这些问题，上游州通过分配百分比来将他们的水分配给各个州，并通过一个常设的联合机构来协助管理，而下游州越发争议的事情却从未被认真考虑过。如果干旱能给出一个有趣的迹象并显示出以权利为基础的水资源管理制度来处理多变性，那么，各层次的水权将可能被运用于实践中。或许会惊讶，最高级的权利已在历史上被运用过，它是新墨西哥州和印第安纳州之间保留地的分配权。在加利福尼亚，帝国河谷的灌溉者，即权益的持有者从科罗拉多州分配给该州大约有4.4MAF水量的3/4，他们比城市，如洛杉矶有更多的权利。相应的，亚利桑那州的灌溉者比加利福尼亚州的灌溉者们享有更高级权利。从理论上讲，至少这意味着享有更高分配权的农场主得到更全面的分配，而附近的已经得到更大发展的城里人将会变得越来越穷。因此，市场不能提供一个重估水资源分配而缓解压力的策略。它不像澳大利亚，在国家水试点的第二项中规定和声明了“水权属于国家和政府”；而在美国，公共利益没有得到清楚界定或没被社区所接受时，政府的权利是可以干预水资源管理的。

转变到一个截然不同的水资源分配制度以回应干旱或气候变化，很有可能会产生一个重大的政治危机，因为若将持有强烈的文化价值观运用于“财产上”，可能会涉及重大冲击。相反，在墨累-达令河流域，尤其在干旱期，南部三个州可能会得到的分配比例和灌溉者享有的不同级别的权利，但配合密切则反映了公共政策的优先权。在这种情况下，干旱导致严重的社会和经济窘迫，就有必要首先供应水资源给城市，这样才不会引起政治或体制危机。澳大利亚体制反映出了社会期望：哪里需要水，政府就把水分配到哪里，以此来界定他们是否对公众的利益漠视。它也趋向于在紧缺的权利持有者和特权者的敌对关系之间的“分享”带来的影响，从而反映了分配并牺牲股本这种文化的重要性。

可持续能力在先，生产在后

在澳大利亚的国家水试点框架下，水权将被授予在保护环境持续能力和资源安全的范围内。要成功将这两者结合，需要以强有力的可持续能力的定义为基础。

据国家水试点方案称，在水文学系统的许多不同的要求之间的紧张关系，将通过发展综合节水计划得到管理。它是通过他们准备解决协调可持续性需要的棘手问题和如何获得生产利益的目标入手的。“水计划”包括安全的水准入待遇、法定的规划以及环境对公众利益影响等法定条文，“水计划”还恢复超额分配和重点强调的“环境可持续的水平提取”制度，取消贸易壁垒，明确指出可利用水资源在未来变化中的风险、全面和公共用水核算、以重点实现用水效率和创新能力的政策等，以解决新出现的问题和其他更多的事件等等[56]。它还将提供“管理地表水和地下水系统的适应性办法”,[57]并使其（地表水和地下水）在相关及非常重要的地方相互连通[58]。此外，水计划必须考虑到土著问题的解决，在“尽可能”的情况下，为土著代表安排并帮助他们在社会上、精神上和习惯上树立“在任何地方他们都可以发展”的目标。还应包括“可能存在的土地所有权权益受到影响，以及集水区内或含水层面积减少”[59]所涉及的补助津贴。

“水计划”是调和水资源政策决策者和管理者所面临的一些最棘手的问题。在面临的各种情况下，他们都将认可他们所设计的、特别是独有的供水系统的特色。它们还提供一个共同的货币，这将使得从一个地区到另一个地区的水权益交换成为可能。“水计划”制定涉及的（流域区内）永久居留权问题，也将给予其主人一定比例可供开采的流动的水资源。[60]伴随或保障每一个永久居留权，将是第二个文件即以在国家水试点作为监管机构批准的一个水使用执照或“取水许可证”。正是这个文件，它确定了水计划中关于用水户永久居留权准入的影响，并创造了可以用于交易的产品。有关监管机构的批准，将需要顾及该区域的有关法规条例，必须符合当地的用水计划，包括广泛存在的各种潜在的影响，以及有争议时要脚踏实地适时对第三方作出调整，说明在何种条件下都可以撤回并明确列出提出上诉的途径。依据国家水试点，负责发行或监管部门批准的组织，将必须是独立的，并拥有必要的权力，以监督并执行所强加的条件得到批准。第32节还强调说，关于权利持有人的责任和义务，部长和有关国家机构，将有自主决定权，取消“已明显违背了权利持有人的责任和义务的地方”可以上诉。

国家水试点明文规定并一再表示：水流量需要保持环境的可持续性，在参与制定相关水计划的协议中，无论在什么样水平下的改进都被定义为是合理的。但在开发项目拨款决定之前，必须经历各种水平或层次的论证和改进。[61]国家水试点许多地方都着眼于促进经济发展的活动，但也有很多部分（或章节）声明所有水体利用的原则，不管是哪一个层面上的改进均被认为是合理的，但它都必须把维持或恢复到环境的可持续性条件作为首要任务。

这不是被认为一个文件草拟上的错误，因为它的任务是一个要合乎逻辑定义的结果。这不难理解一个具有长远目标的国家政策是如何提倡保护其他物质所依赖的基本资源，原因就在于此。然而，在澳大利亚水资源管理的背景下，这是一个激进的主张。正是这一规定把国家水试点与其根本对立的许多管理政策和在墨累-达令河流域的许多规划放在了一起，尤其是开发的上限（后面将解释）。对于未来澳大利亚水资源管理的争论仍在进行中，其最悖谬的特点之一便是：几乎没有一个人指出一个明确的、在原则上可以自圆其说的非持续性管理，但是有很多的人将这个方法（非持续性管理）运用于实践。非持续性做法的例子通常是努力做到和防御改革所带来的社会效益、经济效益的负面影响。但很少有人做出任何努力去为防御可能带来持续正常的经营的削弱付出代价。这似乎像很多人参与水资源管理，但不接受环境可持续发展一样，这对经济活动来说是一个必要的长期基础性命题。国家水试点公布并强调为水资源管理与环境的可持续发展的脱节进行广泛斗争，并提出对澳大利亚加强水管理的基本设想。

国家水试点的核心是制定相关步骤来界定环境可持续性所必备的条件，并建立相关机构以确保环境可持续性得以实现和维持。这引起了对“环境可持续性”的概念含义的争论，并具有紧迫性。从布伦特兰定义的可持续性和国家水试点中相关部分定义的（可持续性）可推断出，这似乎是两个最起码的标准，且需要满足一个经过修订的环境制度以界定为环境的可持续性：从一个系统的广泛角度和一般社会的政治可接受程度来看，其环境条件的需求能够稳定。

环境可持续发展水平超过一个合理的期限内应该是稳定的、持久的和可维护的，并且不是一种持续下降的状态，这一要求带来了很多的影响。一个特定之处是被定义为可持续，而它更广泛的系统则处于持续下降的状态，对于这种地区，国家水试点中没有特别的规定，[62]这在国家水试点许多条款中都可以看出来。它要求“所有目前超过分配或过度使用的系统都要回归到符合环境可持续发展水平上”，并且“承认地表水与地下水资源连通及将它们作为一种资源管理的相关系统”。[63]同样地，规划框架的实施为使以前过度分配或者过度使用的地表水和地下水系统，回归到符合环境可持续发展利用的水平上，确定了坚定的路线和促进了开放进程。[64]

为实现全系统的稳定所做的努力靠的将是强大的科学研究和监测能力。计划实施需要详细了解生态环境问题，因此，稳定的先决条件可以包含在相关的管理项目中。历史记录显示澳大利亚的生产系统具有高度可变性，很难理解受难以预测的阈值变化的影响后果，因此，有必要增加科学投入以更好地了解生态系统动力学。更重要的是，当管理计划正在商讨中时，需要大量的科研投入以确保经济和环境因素不会导致长期地破坏环境的稳定。由于行为和它们所产生的环境结果之间经常存在时间滞后性，所以“（水）计划”中非常容易出现掩饰这种危险存在的言辞。

在一段合理的时间内，水资源规划进程在政治上应该是可行的，这符合环境管理体制。假定机制性安排将鼓励富有成效的谈判，并且有助于确保所产生的决定付诸于实践；而不可少的基本条件是吸引可能的长期社会支持的文化价值。用水计划不应建立于利益主体投机取巧的脆弱和特别的交易之上，而这种所谓精明交易是不可能给以生产为基础的团体所期望的那种安全感。如果像这类事情不能解决，那么政治冲突将继续出现。

制定“水计划”所需要的谈判虽然一定要将经济因素考虑在内，但不能仅受经济因素的控制，认识到这一点是十分有必要的。因为限定在财政条款方面的长期成本和收益经常受到严重的轻视，因此，以往这一点在政策的决策方面仅有轻微的影响作用[65]。即使按非常保守的回报率算，未来两代或三代所能实现的成本和收益，在同短期成本和收益比较时也显得微不足道，由此而产生的压力减低了对长期的因素依赖，这对水政策来说是不恰当的。除在特殊情况下，如大洪水或严重旱灾，在特定时间下的生物物理条件通常是多年前开展的活动所产生的结果。

关于市场角色的讨论是中心问题。它们提供了所急需的原材料和能源，并可以用来实现积极的变化，即适当运用市场机制将促进经济增长和践行可持续发展并驾齐驱。然而，在一种文化和应遵守的框架存在于所有的市场时，问题是如何设计或培育它们？同时也存在着如何运用关于在水价中应包含各种成本的理论。查明成本有着巨大的压力，例如维修保养及更换储存和分配系统所产生的成本、为监管机制服务的成本、环境恶化成本、迫使社会改革的成本、对后代及我们这代在未来所产生的影响成本等。由于忽略那些不易表达或难于描述的问题所产生的非常真实的成本，这些计算的成本常被排除在外，问题常被限定在这样一个范围内，即以适应那些从文化角度来说可以接受的方案之内（不能够接受的，常常无法包括在方案之内）。

经济学观点往往具有有限的能力来反映许多道德和伦理问题，尽管存在着来自于受这些利益驱动团体的大量政治威胁。那些参与者往往缺乏市场力量，但这并不意味着他们缺乏政治权力。在澳大利亚，这样的例子包括绿党和土著人关于土地权利和水权的运动。因此，如果没有政策和管理机制是无法为管理项目及基础的经济活动提供中度安全性和可预测性的。这些政策和管理机制能够以更广泛的社会所能接受的方式，使不同的利益结合起来，而不仅仅局限于那些能够时常施加压力的利益共同体。

第二章　超出了冷静的思考*

在澳大利亚，水资源管理的演变主要受政府制定公共政策的影响。法官所做出决定的影响远远低于其他国家，比如美国。不过，这并不是说没有明显的法律来约束政府的自主决定权。我们有一个共同的法律认识，最明显的是澳大利亚宪法第 100 条强制实施的，将阻止联邦政府（而不是州）对灌溉具有的明显干涉作用。然而，政策的实施，从历史的角度看，这是非常奇怪的。当时，在宪法大会的代表们认为，他们已制定的第 100 条却达到相反的结果。他们认为第 100 条的最后形成将推动逐案办法，并将导致可以根据公共利益检验并在不同部门之间做出政治抉择。关于第 100 条最终阐述的意思，大会代表的理解同 19 世纪 80 年代至 19 世纪 90 年代各殖民政府在其司法权范围内各自制定的水政策是一致的。

不论在哪种情况下，他们主要是服从法院取消河岸的用水权益，用水管理系统来代替。水管理系统是政府的直接责任，最近在全国水资源方案的第二阶段重申了这一观点。结果，政治家们

---

* 1911 年高等法院法官艾萨克·艾萨克斯评论说：它超出了冷静思考的范围（题目的意思是联邦政府怎能这样做呢？不可思议）让高等法院仲裁州之间的争端，像美国高等法院一样利用国际法、礼让和平等的准则。相反，澳大利亚高等法院利用英国普通法的准则，它没有关于殖民地和前殖民地之间争端的条款（克拉克，S，1983“跨政府的官方机构：墨累河委员会”，158 页）。在这些争议中，最突出的问题是墨累-达令河流域南部的三个州对墨累河的水权拥有问题。在 1897—1898 年的制宪会议上，艾萨克斯作为代表中的一员，企图建立一个以权利为基础的水资源共享的框架，并希望该框架在移交高等法院之前可作为处理水纠纷的依据。

考虑了众多不同的重要议题，精心制定了水政策。以同样的方式，道路、教育、卫生、保健等政策得到了发展。此外，从21世纪初期有影响的有关集水区管理的研究文献中的观点来看，认为这种以公共政策提供的水资源管理方式，更优越于像美国西南部出现的那种体系。也就是说，政策主要受法院“对各种利益所有者各自权利的决定”的影响，这一看法是值得商榷的。

只有第100条直接提到了水，并且其包含的“合理使用”条款不断地引起对现有水资源管理体制的批评，尤其是非职业律师，他们认为由州政府决定现有的“河流改道（方案）”是不合理的，因此应让国家政府介入以改变这种情况。然而，同这种观点相反，有一个法律共识：确立了“合理使用”的权利，这对联邦政府任何行为都产生了强大的约束力。联邦政府可以干预各州的灌溉行为。从这个角度来说，对环境直接改变更是一种威胁，这不能成为可以支持它的宪法权利的来源。

许多知名宪法学者写了关于第100条的文章，尽管都不详尽。1972年，伊恩·瑞纳德声明说：“本条的目的是阻止联邦政府以各种方式用贸易和商务权利不适当地限制各州的灌溉”。[1] 同样，1977年，理查德·拉布和凯文·赖恩解释说：“我们已看到，联邦政府可以根据与州内河流航行相关的第98条来管理事务，第100条规定限制这一权利，这些事情属于州的其他权利范围。联邦政府不得不缩小一个州或其居民对这些河流用于环保和灌溉的合理用途”。[2] 支持这一观点的科林·霍华德指出，没有太多人知道第100条的存在……这也防止联邦政府“利用任何贸易或商业法律或规章来减少居民合理使用河流用于环保和灌溉的权利”。[3]

高等法院对第100条只认真考虑过一次，1983年梅森法官在塔斯马尼亚水坝案件中提到了它：

> 第98条（宪法）具有特殊的意义，因为：(1) 它规定了贸易和商业的权利可扩展到航运；(2) 它表明在其他条例中

> 涉及贸易或商业的法律或法规，是根据或者是理解为“可以根据第 51 条制定，如第 98 条所解释的那样”；(3) 从而它也表明第 100 条的首要目的是保护州和及其居民利用水域和河流用于商业和贸易，包括航行和航运的权利（即墨累河）。[4]

梅森法官的第三个观点看似可以解决这件事。山福特・克拉克最近写了一些文章，他认为，这一条可以有一个很广泛的共识，在讨论联邦政府‘可以尝试强制性恢复供水牌照的可能性’时，他指出：

> 这样的行为可能会引起宪法问题，而且肯定会引起不得人心的并且（成本）昂贵的立法，第 100 条证明是不可逾越的。有效地防止农民生产和销售灌溉作物的立法，可以被视为关于贸易和商业的法律，任何一个权利的来源都在法律的开篇被逐条列出。这些法律是禁止减少州及其居民合理利用水资源用于环保和灌溉的权利的。[5]

总之，似乎没有任何疑问的是：高等法院以为第 100 条对联邦政府具有重大意义的约束力，应该有理由来考虑它。第一印象中，如果从非法律的角度来评估，这似乎是不幸的，虽然可能有很多好的理由来限制联邦政府的行动自由，但以牺牲流域管理来维护州政府的权利，似乎没有得到解决。由于现在水文系统承受巨大的压力，并且管理他们存在许多潜在的失败风险，所以优先分配给环境可持续发展和资源安全所必须的一切事物，这一观点是有道理的。

然而，第 100 条法律解释所产生的语境是不能不考虑的，并且使情况向有利的方向发展是可能的。宪法能够保障灌溉者，使他们直接的反对联邦政府不合理要求，但是政府确实拥有广泛的权利，国家可以利用这些权利鼓励他们参与全流域项目（正如下文要讨论的）。在墨累-达令河流域，可以利用这种潜力大幅度地扩展已经存在但有限的资源共同去管理水工程，所以它成了一个综合性的统一流域管理形式。这种做法可以利用已确定的权利和国家曾用过的程序的优势，并且可以避免巨大的内耗能量，因为这种消耗会导致联邦政府独立行为。

那么，首先要做的任务是什么呢？这个问题会引发关于实现环境可持续发展和保护资源安全的讨论，尽管没有解释，但是对于国家水试点来说是主要的。《21 世纪议程》里包含了一系列总的原则，这是 1992 年在里约热内卢召开的世界政府首脑会议上，一个具有里程碑意义的宣言。政府近期制定的各个层次的自然资源管理政策受到了它的很大影响。《21 世纪议程》的第 18 章涉及了很多淡水问题。它建议到：

> 将淡水当作一种有限的并且易受污染的资源进行综合管理。在国家经济和社会政策的框架范围内整合各部门计划和方案，这对 20 世纪 90 年代及其以后的行动具有至高无上的重要地位[6]。

采用这些方法实行水资源管理将包含些什么呢？在相当多的研究中人们一直关注这一问题。桑德拉·帕斯特和布莱斯·里克特最近从国际角度出发，对这项工作提出了一个有用的总结。[7]20 世纪 70 到 80 年代之间，一般在水资源管理部门工作的应用生物学家、资源经济学家、工程技术人员、在大学及类似机构工作的水产食品生态学家们之间出现了分歧。桑德拉和布莱斯关于“河流需要什么”这一问题的研究报告，沿着历史追溯了对这一问题的分歧的所有不同的阐述，并且制订了不同的做法。水资源管理部门的工作往往导致了“图标鱼”的生活条件改变，相比之下，生态学家也在研究大范围流动条件下沿河植物和动物的反映。前者关注在自然低流量状态下，水的深度和流速；而后者则强调再现自然的季节性流动系统的重要性。

最近，一项应用同水产生态学家的做法非常接近，但这样也没有使河道管理变得简单。一种强调流动系统的重要性或更为全面的方法已经逐步得到发展，它的发展可以由以下 8 项原则说明，这 8 项原则原来是为了南非河流而制定的，包括：

- 应模仿自然格局改良流程系统；
- 保留自然的多年生植物或非自然的多年生植物；
- 在丰水期应储存大部分水；
- 在雨季，基流的季节性模式应予以保留；
- 在雨季，应给洪水留有出路；
- 洪水的期限可以缩短但不能太多；
- 将一些多余的洪水储存起来，比完全排除洪水要好得多；
- 最重要的，或者是重点中的难点，季节性洪水应完全保留下来。[8]

据帕斯特和里克特所说，用这种方法来再造自然流动模式得到了其他地区生态学家的广泛认同，他们认为这种方式对于气候易变的地区（如澳大利亚）是适用的。对于经过大幅度改造的河流来说，这一问题更为复杂。但是，关键的总则是，河流管理者应尝试恢复自然的规律流动模式。由于开发活动所引起的后果同开发之前就已经存在的自然流动状态之间的差异的增加，可能会把水文系统推向更为恶劣的环境状况中。

澳大利亚研究人员一直密切参与这一研究领域，并且近年来政府的政策也体现了他们的影响作用。国家水试点的建立基于澳大利亚政府联席会议和澳大利亚水产业的部分早期开展的工作，特别是它引用了由国家协商委员会、高层次水督导小组（由于有来自澳大利亚和新西兰的农业资源管理理事会和新西兰环境保护委员会的代表，使得规模扩大了）和管理改革委员会订立的三方协议（1999 年 1 月）。国家竞争委员会是国家水资源委员会下较高级的部分，在后来的组织建立之前，一直负责执行澳大利亚政府联席会议的水政策。它关于水问题的分析对政府政策有着长期的路径依赖，并具有重要的指导意义。国家竞争委员会关于新南威尔士州遵守 1994 年水利改革方案的调查报告解释说，在三方协议中，处于中心地位的是由澳大利亚和新西兰的农业资源管理理事会以及新西兰环境保护委员会制订的国家原则。国家竞争委员会报告特别提请注意原则的第 4、5、7 条：

(4) 在有用户的系统中，给生态系统供水应尽量符合水资源管理体制，这对维持水产生态系统的水产价值是十分必要的，同时也要认识到其用户的权利；

(5) 如果由于现有的用途而不能满足环境用水需求，应采取行动（包括再分配）来适应环保需求；

(7) 自然水资源管理所有方面的问责制应是透明的并明确界定。[10]

根据帕斯特和里克特的描述，这些原则也反映了生态方法。在国家竞争委员会报告中，描述了有关这一方法的运用，正在有关河流工作会议的讨论中。他们再次强调了这一观点，以此为出发点来定义河流的生态健康。国家竞争委员会运用了新西兰环境保护委员会（全国水质管理战略和国家河流健康方案）所采用的框架。对于那些政策的条件是：

> 生态系统有能力支持和维护重点生态过程和有机物，与同一地区的自然栖息地里的情况相比，他们的物种组成具有多样性和组织的功能性。[11]

国家竞争委员会的报告利用了专门为在墨累河居住方案（2003）成立的专家咨询小组的工作成果，认识到河流在其全面形成过程中的原始状态，其中对正常工作的河流的定义是：

> 即设法在河流状况和人类使用水平之间提供一个可持续发展的妥协。如水资源管理体制基于健康工作的河流方式，即使它不能使水产系统返回原始状态。然而，也不能将维持生态的目标无时限地拖延下去。在墨累河流域，居住方案提倡一种全面的方式，即在这种水资源管理体制下，漫滩湿地的状况、河流通道的栖息地以及水的质量，全部在考虑范围之内。最后一点都不会成为像前欧洲的河流系统那样。相反，它将会符合河流长期生态及可持续发展的测试原则。[12]

国家竞争委员会组织的这次讨论有许多新特点脱颖而出，强调将保持已开发河流的广泛的生物物理特征的重要性，为维持它的环境保持稳定和不继续下降的要求。生态学家皮特·卡伦强调说，某些生物物理特性应加以考虑。在澳大利亚，由于降水量和河流流量具有多样性，因此，关于“平均流量”的提法是不恰当的。试图均衡水供应，如果必须储存大量的水的话，这会造成巨大的成本，同时大量的水蒸发也是不可避免的，河流状况是由河流形态、水中污染物以及生态系统所创造的生态环境共同决定的。这些要素会影响栖息地和改变河流流型的结构等，同时它也受土地使用方式的影响，因为土地使用产生了泥沙、营养盐以及其他污染物。

在整个系统水平内，需要水资源规划，试图将灌溉盐度脱离旱地盐度已被视为无效的，正如将地表水同地下水隔离一样。为整个流域包括其河口制订计划，而不是为单独的各个部分制订计划，这是综合性集水区管理行动的基础，这项行动在过去 20 多年来的不断发展，这一进程仍然受到周围边界的阻碍，并且无法采用一种全面的观点。他强调指出，应将河流及泛洪区认为是生态系统，而不仅仅是水利结构的组成。[13]

关于可利用河流的管理的关键性，以及在国家水试点里也是一个讨论的基本主题，有必要达成一种折中方案，以体现平衡社会经济和环境之间的重要问题。在我们制定和实施有效地考虑了这三个因素的计划之前，在制定公共政策的过程中需要大量的思想转变。如当时的墨累-达令河流域部长级理事会下设的社区咨询委员会主席雷丝·鲍里以及环境政策专家史蒂夫·德沃尔斯的意见：“我们现在才开始意识到，我们管理自然资源方式的较少考虑到资源本身，更多的是考虑到人类以及他们的行为。然而，对于促进人们转变动机以及影响和支持行为改变的机制的认识却不尽如人意。”他们认为到目前为止，我们对于真正的公众参与的承诺以及理解都仅仅是花言巧语。有相当大比例的社区对这种改变都是漠不关心的或是抵制的，直到必要采取行动来克服危机。粮食和纤维的市场价格不足以支付全部的生产成本，农民被迫耗竭自然资本。使得部分河流状况恶化，并且关于水的竞争越来越激烈。总而言之，两个世纪的农业和城市活动产生的累积的影响，创造了集水区，当地的土地资源质量下降，并且排放含盐的物质以及其他污染物污染了当地河流。

鲍里和德沃尔斯还认为，自然资源的管理并不像保健和教育事业那样，也并不是作为公共投资的核心责任而牢固确定下来。相反，它依赖于选举期间的赠款计划、销售收入、政府拨款。在各司法管辖区、各部门、各投资组合、各重大事件中，资源与环境管理被分割了。水利产权和义务充其量是定义不清的，并且在墨累-达令河流域，对水和土地权益没有共同的认可。关于资源利用，认为个体农民、社区和州之间及成本和收益划分的冲突仍在继续并且不断增加。他们的结论是：盐分、水流量等集水区目标信息的传递，需要站在相当的高度来认识，应采取比现有的更先进的制度安排。[14]

卡伦·鲍里和德沃尔斯提出的这些问题不是一件小事，可以通过随时间推移而缓慢变化的增量来解决这些问题，同时，他们的建议会使澳大利亚人了解他们的生物物理环境及其他人的方式已产生根本性变化，如何实现这些转变是困难的问题。认为法院的戏剧性的决定将会削弱所有永无休止的谈话争论。从许多方面来看，这一看法是有吸引力的。但是这种设想有许多的缺点。首先，这种决定可能走向另一条路。此外，它还需要大量的新的安排计划和实践，需要旷日持久的谈判而不是戏剧性的法院的决定，这是不可避免的。有意思的是，它是 1897—1898 年宪法会议最终通过的提议的最后一条。

1897—1898 澳大利亚联邦会议

1891 年第一次认真尝试结成联邦，之后经过长时间的中断，

1897年3月，正式的联盟过程重新开始，同时，第一届澳大利亚联邦会议在阿德莱德市召开。其中的四个殖民地选派的代表是由他们会议下院选民直接选出的，由1893年克罗瓦联合会会议推荐。[15]此外，由上级议会指派的西澳大利亚代表团接受了一项任务，那就是如有可能的话，要推迟加入联邦的时间。昆士兰州无法获得足够的支持来派遣一个代表团，但是它的一些政客也要作为活动议案通过参加讨论，争取使得来自西南太平洋的劳动者有在邦达伯格北部的食糖农场务工的权利，这是昆士兰州加入联邦的条件。这次会议在阿德莱德市开了近一个月，在悉尼召开了33周，在墨尔本召开了2个月，1898年3月在墨尔本结束。随后，宪法草案在每一个殖民地进行投票表决，经过各种冒险活动后，1900年7月9日英国国会将其确定为法律。

在临近第一届宪政会议的几周里，在各个殖民地中心对于即将谈判的许多或各种问题，有着激烈的讨论。作为这项活动准备的一部分，南澳大利亚州立法会议主席理查德·切菲·贝克爵士在当地报纸上发表了一份申明，将赞成和反对结成联邦的争议放在一起。关于墨累河，他写道：

> 前段时间，南威尔士和南澳大利亚之间关于墨累河水资源的问题一直没有得到解决，由于在墨累河的源头及其支流，越来越多的水被用于灌溉，因此这以问题将以更严重的形式出现。没有联邦政府，就没有权威来解决这个问题或类似的问题，这些问题会引起摩擦和纠纷，有时最终在仇恨和战争中结束，这个问题以及南澳大利亚和维多利亚之间以往经常出现的争端都是很好的例子。[16]

在宪法会议上，墨累河的未来是在联邦久旱的背景下讨论的，这次旱灾从19世纪90年代中期到1902年，并且是从1788年欧洲殖民开始的记载中最严重的旱灾之一。在低流量期间，由于盐水通过河道渗入地下水中，河流中的含盐量非常高。发生在1914—1915年的旱灾情形可以让我们看到在联邦久旱期间的情形会是什么样子。那年夏季在南澳大利亚的摩根，盐度高达10 000EC（测量盐分浓度的单位），是人类饮用水的4倍，即使在很短的时期，[17]这种状况使墨累河中游和下游居民遭受了严重的痛苦。这种情况以及河流改道对河船贸易带来的日益严重的巨大影响，使人们了解到了为什么南澳大利亚人在1897—1898年召开的联邦宪法会议上讨论墨累河的未来时反应强烈。

对新南威尔士州来说，改善墨累河的管理体制也是一个很重要的问题。乔治·里德总理谈到他为大会所做的准备工作时，随后解释说："我高度重视在其边界内保护殖民地不受阻碍地利用河水，因为'周密的文化（发展）计划'是我们将偏远的内地变为人类工业的繁忙地所拥有的唯一机会，而对这一计划来说水是必不可少的。"[18]阿尔佛雷德·迪肯在代表维多利亚州讲话时，谈到了墨累河灌溉北部平原的潜力，他根据许多年的公共记录谈论了自己的观点：

> 如果维多利亚州想要并靠征服那些迄今为止仍被视为不值钱的土地，来使人们安居并增加资源，如果它打算利用丰富的自然资源优势最大限度地提高劳动生产率，保证它干旱地区的农业人口永久繁荣，就必须采用灌溉的方式。[19]

在会议上，与会者争论了独立又相互依存的关于河流的三个问题：即灌溉、人畜用水、保护和改善航行活动，上述问题与两个东部州的竞争性铁路网络的形成有密切关系。正是这些相互联系的复杂性以及它所涉及的根本利益和权利的看法，导致争论变得如此激烈和长久。会议在阿德莱德阶段简要地讨论了墨累河，但是关于墨尔本问题，它比其他任一问题花的时间都多。问题公开讨论了一星期后，移至一次私人会议上讨论，然后在二月用一个星期时间，再次拿到公众面前讨论。据历史学家约翰·拉诺兹说，对于塔斯马尼亚人以及西澳大利亚人来说，这种频繁的交换是难以理解的，这一过程更是一种耐力考验而不是一场澄清事实的活动。[20]根据他的叙述，上游殖民地想要保留他们的独立性，并且保护他们利用墨累河系统的灌溉权利，然而，南澳大利亚人想要阻止他们挪用这么多的水，以至于河道枯竭，并且威胁到航行。[21]但是，这场争论之所以复杂，背后的详情却是国家政府在各州中未来扮演的角色所致。

在短期内，在河流辩论中，虽然他们的领导人约翰·汉纳·戈登最终也承认灌溉的重要用途，但是南澳大利亚州代表团的主要问题是保护和提高墨累河基本交通运输体系。尽管需要为航行进行大力投入，但他同意如果有必要内河航运，可以由可供替代的交通系统来代替，例如火车，但是在食物生产中，水是没有替代品的。他主张由新的国家政府对航行和灌溉进行协调管理，这是平衡两种需要的最好办法。[22]

南澳大利亚在表达他们对英国“关于在共同的河流系统内河岸的权利和义务”的《普遍法》的看法时，坚决拒绝这一说法：即由于南威尔士州处于集水区的上部，所以应给予它更大的权利。《河岸法》有利于保护下游用户免受“那些由于上游活动导致下游河流流量大量减少”的损害。南澳大利亚希望保护它的航行利益免受上游灌溉潜在的伤害，因此，至少是在原则上给南澳大利亚提供了很大的安慰。然而，不幸的是，南威尔士州和维多利亚州近十年已经立法取消大部分河岸权利，并且一套已建立的国际法律早已不支持河岸权利，并正式申明这个河岸权不适用于州之间（也就是仅适用于州内部）。不过，戈登断言，水是自然元素，所有的人都有权拥有分享，并且任何人都无权自己拥有或者减少他人需要。他告诉代表们，乔治·里德确实曾经说过，由于太阳照耀在南威尔士州，因此它只属于南威尔士州。[23]

其他代表不同意在这些情况下仍运用《河岸法》，并且分歧难以调和，下面的对话表明了这个问题：

> 巴顿（南威尔士州）说：拿走我们一部分水，同拿走一部分我们土地有什么差别吗？迪肯（维多利亚州）说：没错。金士顿（南澳大利亚州）说：但那不是你们的水。[24]

根据诺兹描述，这场争论在适当的和高贵的言辞下得到了很好的安排，但是《广告商》的记者对南澳大利亚读者的描述却显示了一些潜在的紧张关系：

> ——对待你像我们一贯做的那样——宽容而大方！当他们想到这些信被搁置在一边时，就连南澳大利亚人也会拒绝参加会议请求；当冷漠地对待建议时，如同对一些小玩笑不能压制住笑容一样。[25]

参与者通过来自官方纪录得知了一些有关争论问题的内容，表示非常愤慨。戈登把新南威尔士州关于主要河流的水权的争论比作粗俗的傻笑而已，他们非常愤慨[26]。瑞德将南澳大利亚的情况描述为："用最有利的方式来争辩是我所听过的一个最差劲的观点，并声称戈登能靠他的巧言善变走进天堂。"[27]戈登则反驳说，瑞德的争论需要变得更加诚实才能进天堂。[28]此后，阿尔福莱德·迪肯援引了爱尔兰政治家丹尼尔·欧科尼尔的描述，来暗示他的读者瑞德在回忆中的整个表现。"他的粗俗、暴躁和狡猾，是他的有力武器……靠诉诸于情绪，对事实和公正进行了最大胆的歪曲"。[29]

对争论中的情感方面的描述，揭示了争论背后隐藏的强烈感情。它部分地解释了偏执狂式的怀疑，这种怀疑在一些南澳大利亚人的观点中明显表露出来。对于来自殖民地的许多市民来说，这不足以说明，如果新南威尔士州为了灌溉而使得河流改道，南澳大利亚将承受损失。此外，据声称，新南威尔士州的代表们正打算增加灌溉水量，不是为了促进农业生产，而是为了掩盖自己为了维护扩张的铁路系统的利益，从河里抽水而对下游的州的航运利益造成损害。这些写在墨尔本大会最终决议的前面，《广告商》的通讯记者宣称，关键问题是"新南威尔士州要求将墨累河用作航运，然后利用这一天然河道，再通过铁路输往悉尼"。[30]后来，阿德莱德广告客户描述了南澳大利亚总理查尔斯·金斯顿在宪法大会上如何发表了一个重要的演讲，反对里德先生的意见，因为南澳大利亚合理的要求没有得到处理，而是遭受讽刺和揶揄。并应该允许新南威尔士在灌溉供应的借口下，给南澳大利亚留下一个干旱的河道。[31]

从悉尼和墨尔本扩散开来的河道运输与日益增长的铁路运输之间的矛盾是复杂的。三个殖民地为新南威尔士州西南地区的河运业务而竞争。戈登认为不应该用货运率作为解决冲突的工具，而应该指望被提议的政府确保公平竞争的程序。迪肯也关心类似的问题。[32]用货运率作为手段来减轻竞争不是好办法。几年以后，出现在1902年墨累河的共同州际皇家专门调查委员会上的证据表明，维多利亚州作为新南威尔士州邻河地区的消费者，提供的在南岸埃库卡装载货物的货运率，大约是在维多利亚州装载的相同旅程的货运率的1/3。相比之下，而从墨尔本的返程货运率差别甚至更大。[33]

在墨尔本大会上，一致认为在阿德莱德会议制定的章程条例，应该被更可能接受的条例所取代。然而，代表对应当制定什么条例未能达成一致意见。当新南威尔士的代表埃德蒙德·巴顿进行调解时才打破僵局（他也是会议的官方领导）。他劝说他的伙伴代表们，南澳大利亚在航运方面的利益将被联邦议会的一般权力所保护，联邦议会将会对贸易和商业立法。在由塔斯马尼亚州的安德鲁·英格利克·克拉克准备的备忘录上，记录着巴顿的观点，他认为，从美国的先例来看，一般情况下联邦拥有同其他国家和州之间的贸易和商业的权力，这权利同样可应用于以商业为目的的河运。代表们赞成这一观点，这点在98节表达得很清楚：

> 议会制定关于贸易和商业的法律的权利，扩大到航海、海运和各州所拥有的铁路。[34]

合理的使用

关于这个有98页的协议达成之后，新南威尔士的一些代表关心起了他们的殖民地情况，即在他们管辖的边界之内，对（协议中的）有关控制墨累河系统发展的主张有些感到怀疑。为了保护他们的独立自主，他们提出了许多限制联邦制定“关于海运和航海法律权利的改善”的意见，这在里德的表现中可以看出，如他说：

> 联邦不应通过法律或贸易或商业规则，削减一个州或居住在那里的居民在其范围内为保存或灌溉而使用河水的权利。[35]

眼下，里德的言论缺少并应该插入“合理的”这个词。在里德做出提议之后，南澳大利亚州代表回答说，这将允许新南威尔士州将墨累河排干。激烈的争论接着发生了，“在其范围之内”这个短语不久将被停止，并且在争论的数周之后，形成了一个100 页的协议，摆在大家面前，表面上看其形成几乎是偶然的：

> 联邦不应通过任何法律或贸易或商业规则，削减一个州或居住在那的居民为保存或灌溉合理的使用河水。

详细地理解“合理的”一词怎样被插入第 100 页是很重要的。这部分的争论突出了两个主题。第一个主题涉及水管理；它们应该由高级法院制定，并在关于相冲突的主张之间作出决定？还是由联邦议会或作为国家发展计划程序的一部分的其他非司法团体决定？第二个主题是灌溉或航海的优先权是否应当在宪法中被详细说明？一个人的使用（水）权利要有清楚的陈述，即这个人使用的权力是防卫其他人还是给别人带来压力？所以，反复的政治程序的讨论，会导致在每一次讨论之下的特定情形及特殊环境作出不同的决定。

在这个长期争论的最后阶段，一个有用的观点是由埃德蒙德·巴顿在考虑贸易和商业权力的重述中提出的，即贸易和商业权力会给联邦控制航运的河流带来权威。他告诉他的伙伴代表，他反对有关灌溉或航海的文件起草会涉及别的高级权利的限制。并辩论说，该决定应当留给高级法院或州际委员会，因为它涉及了复杂的问题，这些问题是关于以前和今后有关联盟背景中的权利。由于这个原因，他也反对在单独一个州之内的（墨累河）支流上，航运从属于灌溉这个提议。[36]

维多利亚州的代表艾萨克·艾萨克斯，他可能是未来的联邦司法部长、高级法院的首席法官，而且是第一个土生土长的有将军背景的管理者。他立即接受了巴顿的建议，巴顿的建议是法院将是这种未来冲突的最好仲裁人：

> 这不是由一些法律标准或法官来衡量的权利问题，而是州内关于他们自己的发展需要的问题。这完全是一个由领土范围、水质和人口需要来决定的政治问题。对于最高法院来说，那是一个怎样的事情，我是能够充分理解的。[37]

艾萨克从实质上按国家发展的前景所作出决定的要求，强调并给出了河流的定位，即“河流应根据它们的存在和过程，成为澳大利亚的公共财产”。[38]

一个新南威尔士的代表威廉·麦克米伦先生，稍后告知大会说，自从河流争论开始，他已返回悉尼并且发现这个问题，现在是他所在州的最亟待解决的问题之一。他表示他的沮丧，和一个同伴、也是新南威尔士人的巴顿一样，坚信对于殖民地之间的冲突应当努力采取公平的方法，因此忽视了他自己的利益。相反，他赞成宪法的担保，在给联邦的提议中这样写道：“州有自由对于整个被包含在他们边界内的支流，做出他们喜欢决定的任何事，因为这是基本的原则，即‘给予契约安全’”。[39]

随后，争论转移到相互交换（涉及水权）问题上，这导致了“合理的”一词被插入于100页的草案成为可能。与他的一些批评家相反，里德认为他的原始形式的动作和努力不会创造新权利，但是仅仅冻结了现有但不明确的灌溉和航海的权利，像它们已经想象的那样，直到任何冲突被“适当的法庭”（大概指提议的高级法院）所考虑。[40]艾萨克斯· 高登和其他人拒绝那个主张，里德以典雅的风格回答说：

我渴望保护每一个人的权利。经过一些大自然的灾祸，仅仅会发生这样的事情，我们比其他人有更多的权利，因为我们有较多的水和较长的河流。但是我们不能帮助它，这是很大的灾祸，我可敬的成员们。它是我们的朋友，在过去的好多年中，也是主要的烦恼的主题。在报告中，我准备好去增加任何词汇去排除困难，省去“在它的边界之内”这些词。我将采用所有改正办法，使它更具有应用的普遍性。约翰·唐纳先生问，你反对“合理的使用”吗？里德先生说，我不知道我会在这个难题中如何权衡利益，但我将花一些时间考虑插入那些词的效果，并且当我再次改正时，我发现这些词已经被插入进去了。[41]

然而，不久，里德改变了他的主意：

放入这些词，破坏了整个事件的效果，因为它没有使它成为一个权利的问题。它使其成为意外的事情，任何特殊的人和权威都将会考虑合理的使用它。[42]

里德认为那些词汇是无意义的，而且是多余的。因为“任何一个人拥有的任何权利都受原因的支配”。巴顿突然插入说，“把它们放进去”，支持唐纳。作为回答，里德重申了他的信念，即新形式下的100页（而且最终被批准了）将不会提供为灌溉作修饰的词汇：

我会把它们放进去，只可惜我恐怕它丢弃了保护这些水的微小地块……它是一个关于“什么是合理利用武断和判断能力”的事情。[43]

然后，里德正式移除了他最初的改正，但没有“合理的”一词引起了其他代表恼怒的惊叹，这些都被记录在官方的行动记录上。唐纳通过正式地移除包含“合理的”一词的地方来反抗。里德还击，建议“合理的”一词被插入在“权利”而不是“使用”之前。艾萨克不理会这个，他说：“所有权利都是合理的”。[44] 里德继续避免作正面答复，但艾萨克用发表一个估价的办法，把关于河流问题曲折的争论带到了尽头，该估价被允许去带给其他代表的进一步的讨论：

> “合理的”一词在“权利”一词之前的插入，我认为没有任何意义。如果它被插入到“使用”一词之前，它会抑制新南威尔士州。例如，为了保存和灌溉对河水不合理的使用。但是，我要问，什么是合理的标准？…当你给了联邦议会控制航海的权利，并且你说没有任何权利会阻止一个州合理的使用水，在水储存及灌溉的必要性和航运的必要性之间去判断合理，而不是在两个州的权利之间作判断。[45]

约翰·唐纳增加“合理的”这个单一的词，随后，没有更多的讨论就被批准了。在后来的总理会议上讨论，由于对新南威尔士州的要求的额外让步，使得被提议的法案对于它的投票者更合意，里德再一次设法使100页得到改变，但被南澳大利亚总理查尔斯·金斯顿阻碍。

在拖延的争论之后，联邦会议起草了澳大利亚宪法，在一个相当偶然的方式中为水政策扫清了道路，水政策由政府而不是法院控制。南澳大利亚已寻找这个确信的解决办法，即国家政策程序应选择他们的长期利益。有来自其他州代表的支持，例如艾萨克斯为了他们的位置，尽管如此，并不意味着他们的临时盟邦要去支持下游的州的利益。从维多利亚人如艾萨克斯的视角来看，这与国家利益有根本的区别。

魁克和加兰

对将“合理的”一词插入这100页文件的重要性的解释，是魁克和加兰的权威性注解，也代表对澳大利亚联邦宪法中的注释支持，在1901年公布，它在澳大利亚宪法历史上有独一无二的位置。关于它的重要性，近来一个历史学家评论并记录说：没有其他澳大利亚参考书如此有影响力。它被放在每一个高级法院法官和每一个拥护宪法的律师的书桌上。很长一段时间，高级法院不允许在大会上去辩论，在争论中引用，但超出宪法的东西，它一直允许涉及魁克和加兰。[46]

魁克和加兰的权威性来自他们有权使用原始资料。约翰·魁克是维多利亚大会代表团的一名成员，而且至少是一个提案人，他使得自 1893 年科罗瓦会议以来出现的直接选择权以及日趋衰弱的联邦，通过运作重新复兴。他的年轻的合作者罗伯特·加兰，在联邦运动中也是积极的，而且在大会上作为起草委员会的秘书，为巴顿工作。在联邦之后，他成为司法部的第一秘书。由魁克和加兰提供的对 100 页的评估，重复了包含在大会行动记录中的陈述和争论。关于里德的最初动作他们写道：

> 像最初由里德先生提议的那样，没有“合理的”一词，这个提议已阻止了任何干涉，不论由联邦议会，还是在贸易和商业权利之下，都有着指定的目的。各州适当的使用河水是绝对的权利。[47]

然后他们解释了因插入“合理的”一词而改变的部分的意义，他们写道：确切地说，通过法院，需要决定怎样发展，但作为可采取的方法，他们猜测：

> 合理的使用可能涉及一些问题，不只是被取走的水量的问题，也是取水季节的问题，包括它被应用目的及效用，对那个目的所采取应用的方式。当河流低浅的时候保存和转移水，可能是不合理的，但当水位很高时，保存和转移大量的水却是合理的，用来灌溉可以是合理的，但是采用不必要的浪费的灌溉方式却是不合理的；等等。[48]

魁克和加兰的讨论显示了一致的意见是，水问题应服从于国家政策程序。因此，相应决定也要反映国家利益，而不是不同政党的各自的“权利”，尽管该一致性意见被一些新南威尔士的代表们争论着。关于应当找出“主张权利和既得利益的混乱状态”负责的团体，他们选择了走厄运的州际委员会，法院根据了解到仲裁和管理的真实情况，不久后州际委员会就被高级法院摧毁了。

对于历史学家来说，关于 100 页的宪法争论是有意义的，由于它揭示的是关于在 19 世纪末政府角色改变的过程。当宪法大会中的争论被放在 19 世纪 90 年代的政治背景之下时，就像被历史学家马瑞恩· 索耶、约翰 ·曼尼沃德、约翰· 赫斯特、海伦·艾尔尼等讨论的那样：使水政策成为公共政策问题，而不是法官判决的产物。这个决定反映了在更广泛的政治文化中的实质的改变。[49]除了形成一个新的国家之外，从 19 世纪 90 年代到 20 世纪初，澳大利亚殖民地（州）引进了义务教育、劳资仲裁、鳏寡养老金、对于酒精消费量的约束、妇女的投票权和许多其他改革。

在这段期间，自由主义占统治地位的政治哲学体系正在经历实质性的改变。旧的或古典的自由主义的支持者给出了‘自由’一个卓越的地位，这是作为所有人类生活条件中最渴望的。他们认为促进它的最好方式是约束政府在一个非常有限的功能范围之内，例如防卫和保护契约的自由以及财产的圣洁。然而，对于他们的批评家来说，关于由工业革命带来的痛苦和剥削的新形式，这是个不充分的回答。他们抨击了古典自由主义的消极的概念，仅仅是用来作为约束自由。通过对比，这些“新自由主义者”将国家视为就应该别无选择地去创造调整的条件和潜在的解放力量。调整的条件即允许人们明白他们有多大的潜力，去解除压制性的社会和经济环境问题等。

政府对其潜能的坚信被澳大利亚的持续干旱和 19 世纪 90 年代的消沉带来的不安全感进一步地激活，尽管这一点引起了争论。因此，澳大利亚宪法也是在“对于政府有效解决棘手问题的能力表示非常乐观”的时期写成的。对新自由主义者像迪肯、艾萨·阿克斯和金斯顿来说，水，无论是用来灌溉还是航运，都是用于社会发展的另一种资源。声称加强对水管理的政治上的控制与时代精神非常吻合。

联邦政府成立之后，南澳大利亚的利益在很大程度上被忽视，与之前的情形比较，各州之间的谈判在特征上有了改变。作为宪法的解决的结果，没有一个州政府对于它界定清楚的（水）权利有信心。它似乎是仅仅通过在墨累河协议的谈判中得到发展，该协议至少满足三个州中每一个的要求。联邦之后，有很长时间，两个上游的州的策略显示了它们愿意接受未来的（协议）把南澳大利亚安排在内，并且对于更广泛的澳大利亚公众，尤其是联邦政府来说似乎是公平的。尽管作为两个最大的州即新南威尔士和维多利亚都有必要地支持国家政府，（水）供应已成为宪法的组成部分且能体现以保护较小的州如南澳大利亚，并使其成为不可预知的一种力量。

起草共同宪法的程序会产生这个结果，这并不是令人惊讶的。因为大会的所有代表都意识到，在草案宪法完成之后，下一个阶段，它将服从于公民投案的普选，尽管在每个殖民地内是独立的。如果在大会上关于殖民地的重要性问题上有分歧，并严重失去了任何代表，会使联邦批准（提案）变得困难。如 1891 年的宪法草案在沉闷中舍弃了（目前讨论的有关诸如南澳州的水权问题），与大多数法律和议会行动不同，该程序强烈地偏向于创造出成功者和失败者，无论可能与否，首先的选择就是一个互相间利益的折中。

所有的代表及批评家等都作出充分的准备，而且在相互合作的压力之下，对被伤害的当地利益作出让步。有一些人，如巴顿和迪肯，作为大会较高身份的代表，强烈地感觉到了这个职责的重要性。通过对比，里德对新南威尔士利益的坚决的防卫（包括其他问题），在大会进行的大部分时间里，他的意见还是被放到了远离中心的位置。然而，他得到的有可能是最好的交易的努力，这对实现和批准那个有关殖民地的草案可能是至关重要的，但在它未能在第一次公民投票中得到足够的多半数之后，又第二次将问题提交给投票者。

自从商业航海利用墨累河逐渐减少后，可以认为，在

1897—1898 年做出的“解决航海与灌溉之间冲突的回答”不再是重要的了。然而，一种看法是：大会代表制定了一种方法，这个方法适用于墨累河水不同使用者之间未来冲突的广泛范围。在做这件事时，他们使这一点变得更清楚，即在他们看来，所有使用者应当被认真地考虑，但是没有哪种（使用水资源）用途应当被视为极神圣的，或者应当被某种章程所保护，即使这样，该章程也必须是体现社会发展并详细对公众的利益有详细说明，这包括了在起草墨累河使用占有优势的两种用途。然而，在他们互相频繁地提醒对方时，完成了一个宪法，这个宪法打算是易变的、有效的和与未来许多代人的需要相关的，不仅仅是他们自己的。

殖民地实践

尽管这 100 页文件的最后形式看起来几乎不是那么主要，看上去像是一个筋疲力尽的产物，尽管有很多见多识广的决策。由于代表们来自于这些殖民地，它也的确反映了殖民地的水法律和水政策的近来的历史。然而，他们不依赖彼此，与遨游远离大陆的英国有共享的关系，但每个殖民地已经大量地立法去废止已被列入英国法律的用水权系统，并且使水资源问题受政府控制，而不再是一个由法院裁定的权利问题。

在 1971 年，一个美国研究者在这些条款中总结了几乎一个世纪的澳大利亚水管理：

> 为了公平分配他们恐惧的水资源，澳大利亚人明显地信任政治程序和管理的判断力，而不是任何有关财产权的法规。他们将政府视为基本服务的供应者和执行并强迫他们的哲学体系的代理人，他们的哲学体系是所有人应当享有平等的社会和经济地位。他们没有把无拘无束的政府判断力视作对个人自由有危险的物体，而是视其为那些自由被放大的传达手段。美国人总是将政府单位不同地视为有明显和可能的

反对利益的实体，与美国人不同，澳大利亚人视他们为集体意志的扩充。[50]

19 世纪末 20 世纪初，灌溉农业的发展由政府承担，想要为独立自主的小农社会建立经济基础，当时被认为是给民主的平等主义价值观提供良好的环境。为无地的人提供土地受到了政治系统中的选民的欢迎，在这个系统中大部分成年男士已投票。因为移居者保留了按英国和爱尔兰社会传统分等级的、独立自主的土地所有形式，不论地块有多小，都是通向自由之路，表现在从职责到土地段级的拥有。对基于社会之上的灌溉发展，也涉及和改变着政府的文化，它使部长、官员们与他们通常详细控制的社会形成紧密的关系。除了对新的以灌溉为基础的社会的监督之外，政府在上游修筑大坝在夏季和干旱期间供应水，用新的水权系统替代旧的河流权利，新的水权系统允许更高的抽取率，开发新产品和市场，建立运输网；而且有时还不情愿地提供慷慨的资金，资金在以后的几十年中，以非常不同的方式交付。[51]

国家政策优先权表现在发展工艺技术、体制结构、管理文化和对建立灌溉社会机制等，但对需要的土地、水等资源的适当的态度转变过程也是主要的。有一个长期的关于如何利用灌溉的争论，对于一些人来说，特别是在早些年，他们的财产支持已确立的大亩农业和田园活动的方式，这也是一种“干旱（年份）的证据”。那些在（水）需要方面，哪怕是最小的改变，就会同时改变了他们习惯的工作和生活方式。对于其他人来说，灌溉为发展一种不同类型的农村社会提供了潜力，其特征是农产品产量更多、耕作技术精深、居住变得密集而且紧密结合，甚至带有市民思想；这与分散的村落并有着粗俗而优雅的传统乡村家园相比，后者是田园主义和小麦耕作的产物，而小麦耕作以前在澳大利亚的内陆则占有明显的优势。

回顾一下维多利亚灌溉历史的三个阶段是有必要的，大约从 1880 年到 1915 年，艾尔伍德·米德在美国开始倡导灌溉，此间联邦以及新南威尔士州、维多利亚州、南澳大利亚州的议会司法间通过并批准《墨累河水协议》。[52]第一个阶段在通过 1886 年灌溉法案之前，而且这一阶段的特征是发展适度的目标，对地方的责任有强烈的偏好，并导致低投资和产生并不是令人满意的结果；第二阶段在 1886 年法案之后，是富有雄心和创新能力的，但最终还是导致了失败。它包括两个相当不同的方法：即第一个是大规模的私人的发展并伴随政府的支持（由来自美国加利福尼亚州的开发者夏菲兄弟承担）；另一个是以灌溉信任为基础的地方社区，接受了比夏菲更充实的政府支持。第三个阶段在 1905 年《水法案》的引进之后，它引进了由政府官员负责的公共发展综合计划之下的非常集中的系统，稍后坚决地执行了该综合计划。这就确立了一直持续到 20 世纪末的灌溉模式。

19 世纪 80 年代最初的发展计划，使得维多利亚北部平原的农民和向往田园般生活的人们，将灌溉视为减少干旱风险的一种方式。[53]该地区欧洲殖民者的数量，在 19 世纪 80 年代初期到中期不断增长，此期间恰为多雨季节。然而，这十年中，后来的干旱带来了严重的危难而且导致了对于政府支持的需求。同时小麦的价格下降导致一些农民对可选择性的其他种类的庄稼产生兴趣。在早期，关于灌溉和其他水供给问题的政府政策，是由一系列的报告形成的，这些报告是由工程师乔治·高登和亚历山大·布莱克准备的。[54]由于对政府资源的关税的限制受到关注，并且潜在的受益人要负责大多数的成本，于是，尽管有很多困难，他们提出了许多有针对性的建议，并利用印度的经验，如果伴随着政府对灌溉支持，将会做得很好。然而他们的建议对于满足灌溉提倡者来说是不够的，例如休·麦考尔迪肯本人以及大维多利亚西北运河公司等这些支持灌溉的个人和团体。[55]

在 19 世纪 80 年代初的立法之下确立的计划，为家庭现有的财产包括可使用的水提供了积累。此计划的立法被设计出来，利用现有的水体和河流作为分配水的可行的渠道，以使成本最小化，无论在哪里都是可能的。然而，要为通常离得很远（距河流）且已确立的水权提供服务，分配系统要遍布相当大的距离。低平地区的灌溉通常选择较简单的方法将水输送到土壤中，而且有些土壤还不适合强烈的灌溉。在许多情况下，水被用于支持产生相当低经济报酬的活动，而不是新的并有较高价值的活动，结果经济利益还是最小的。此外，主要河流的上游没有贮存水库，使得早期计划影响（人为调节径流）的能力受到限制。尽管在较湿润的时期（水资源相对较丰富）它们的影响表现的不明显，但不久人们会普遍认识到这个方法（指缺少控制性工程）是不充分的。

作为有实际经验的人，高登和布莱克的建议使得一些人避免了浪费并且从公众投资中得到了不错的回报。他们的建议同时也为一些空想家（指脱离实际并对水利用方式提出其他设想的人）设定了失败之路。而带领他们的是一位年轻的维多利亚自由主义者阿尔弗雷德·迪肯，他是一个律师兼新闻记者，他有强大的报纸《时代》这个媒体力量的支持并与工人运动有着密切的联系。迪肯后来成为联邦政府主要的竞选者，曾三次任澳大利亚总理。在 19 世纪 80 年代，作为维多利亚政府的大臣，灌溉是他事业的第一推动力。[56]较早时期就认识到并努力促进密集的农村殖民地发展，之后，迪肯和许多其他左翼自由主义社会名人一起将灌溉视为一种技术改革，这种技术改革促使他们再一次努力去建议，成立一个坚定而独立自主的自耕农社会。

对于迪肯来说，靠近的殖民工程使农村生活对于有才能的人来说，更加文明化和可接受，否则，有才能的人不会想要住在这样的地方。对于他的灌溉方式有人评价：

> 在他看来，灌溉使得社会、学校、教堂、图书馆的建立以及享受舒适生活成为可能，而这些在隔绝状态下是没有保障的。它为商业组织和地方政府的兴起提供了框架。[57]

在这期间，澳大利亚人如迪肯在社会民主革命的最前沿，并看到了未来的希望，社会民主革命基于英国的价值观，可以回顾到马格那·卡塔或更远处。在地区范围之内，他们对自己的政治和社会改革感到相当地满足，如成年男女选举权、鳏寡和老人的养老金、免费的普遍教育和劳资仲裁等，尤其是劳资仲裁给工作的人们带来了重大的利益，而且不需要任何革命和暴力。在他们建立新社会的努力中，是基于在澳大利亚内地大规模的灌溉，并没有将自己视为边缘的殖民地居民而游离于“帝权”的外围。在他们看来，他们是自由平等的公民，为创造围绕全球的英（美）文明的新中心而带路。迪肯将他自己定义为一个“独立自主的澳大利亚英国人”，并且对组成大英帝国和自治殖民地包括英国的帝权作了明显的区别，他将英国的“帝权”视为澳大利亚人关注之外的事情。[58]被视为是扩大的英国文明的分支，有的美国人也承认他的观点。

随后，在1903年澳大利亚议会中，讨论关于英国需要更多的权威以保持生存和繁荣，需要有所从属的州或殖民地，他当场支持一个爱尔兰地方自治的运动。同时，他认为自治殖民地应当朝着有共同的公民身份和公共的立法机构这个方向努力工作。尽管迪肯对于英国的美德和价值观有着炽热的信仰，但他是有选择性地，他对“要增加移民到澳大利亚的英国人”的拥护，是他政治生涯的中心内容。对于有些备受关注的问题，他认为如果维多利亚和其他澳大利亚殖民地要持续吸引英国移民流，殖民地灌溉的计划是基本的，增加英国移民流是他和其他“白种澳大利亚人”的提倡者非常渴望和经常考虑的问题。

这些信念和想法为调查维多利亚潜在的灌溉价值提供了背景，这个背景是基于在他领导的皇家专门调查委员会于1885年到北美、欧洲、中东和印度等地的调研经验，他和他的伙伴委员作出了四个有关的重要报告，这些报告根据很多年的想法形成了一个主体思路。在他们的调查期间，委员们观察到了许多有关的计划，并与世界范围内的在灌溉发展最前线的改革者和决策者进行接触。主要通过休·麦考尔的培训和广泛介绍，他们通过旅行巩固了与世界有关的灌溉专家的网络联系，这是导致了在接下来几年中，澳大利亚和其他出现灌溉的地区如加利福尼亚州和印度之间的知识和人员的广泛的交流。

迪肯赞成这四个报告中的第一个，强调对外国经验的扬弃是明智的。尽管在维多利亚的背景下，由于当地气候的可变性，包括从河流到潜在使用者距离，以及在夏季和干旱期间对提供流动的巨大贮藏（水）设备的需要，使政府起领导作用成为必要，这一点似乎很清楚。但作为坚定的自由主义者的迪肯，还是提防州（政府）会抑制个人创造的能力，并且宣称他的政策“发展灌溉是州政府对地方公共事业应该的辅助之一”。[59]在周游的同时，迪肯也注意到关于河流权利问题，英国的习惯法的教条施加给灌溉发展带来明显限制。使水流的转移不允许超出一个水平，否则，会严重减少下游的流动，实际上，上游为灌溉而过多抽取水，导致对下游产生无可奈何的影响，这是很难解决的一个难题。然而，与美国的实践形成对比，他认为在美国广泛的州政府控制水管理，会总体上确保水很好地被使用并且带来社会利益；但州的控制，不是控制所有权，否则会阻碍频繁的起诉，起诉在西部的美国已是普遍的。相类似地，他在对北美的经验反应中大部分是一致的，皇家专门调查委员会建议说，土地和水权应当配合以减少水垄断的风险。报告的另一个主题是关于成功地灌溉需要新技术和农业的不同方法。

这些建议成为灌溉法案的关键特征，该法案是后来由迪肯牵头完成，在1886年维多利亚议会通过。当在解决水和土地问题而需要改革《英国习惯法》的更广泛的背景下，他带着很大的热情从事法案草稿修改工作，这反映了在已确立为殖民地的澳大利亚人中，要考虑这些资源由州控制的需要，是有很深的根源的。[60]1886年法案的重要特征，包括水道的通行权、由州建设水库、主要水道和其他实质性的基础设施以及对灌溉信任的政府贷款的授权等。私人土地上的通行权是必要的，所以广泛的分配系统应当考虑去发展将水运送到离河流非常远的地方。法案应该体现当地居民为农场付出的脑力劳动的私人责任，至于社会责任和州的责任，澳大利亚的这个双重责任系统与正常的美国西部地区的实践形成对比，但是与法国、埃及、意大利、西班牙和印度发展的系统相似。[61]法案也为州代理作好准备，州代理为它创造新的水的特许管理体制负责。[62]

灌溉信任是新系统的关键部分。他们建立于土地所有者的请愿之上，这些土地所有者作为一个团体，包括了至少 3/4 的受影响者以及最少拥有 2/3 土地的管理者。[63]创造这种信任的能力已经存在于较早的立法之下，但是在 1886 年法案中提供额外的财政支持，增加了他们的重要性。迪肯和他的支持者将它们视为“个人责任与社会管理”结合在一起的一种有效方式，就像美国西部的特色一样，即他们为密切相关的社会发展提供了一个健全的制度基础，它基于灌溉而不是那些由少数人所有的大规模私人工程和大批低效率的产业工人。

私人企业家灌溉发展的方法不能完全被排除在外，尽管如此，但至少最初是被排除在外的。夏菲兄弟的工程正在进行中，它的社会信任基础也在增长。夏菲的兄长乔治在委员们返回后不久来到了维多利亚州，立即开始组织其殖民地与邻居南澳大利亚州的两政府之间谈判。他们在美国加利福尼亚卖掉了资产之后尽管有些损失，但他的弟弟威廉·本杰明·夏菲还是跟随着他来到澳洲大陆。虽然有些吵闹和反对，这对“可爱的美国强夺者”兄弟俩，不久就在维多利亚的米尔杜拉和南澳大利亚的莱恩马克建立工程并运转起来。为了防止大的私人土地所有者的增长，使得在立法时考虑到对一些地区制定严密限制，那些地区的土地被夏菲兄弟自己拥有或可以是从夏菲兄弟手中购买拥有权的其他移民者。[64]

到 19 世纪 90 年代初，夏菲的两个方案都处于困难中，许多相关的因素都使他们无法完成。原因是维多利亚的土地繁荣时代已经瓦解，殖民地土地计划搞得凌乱不堪，大部分广告信息也是令人误解；土壤不像以前希望的那样适合于耕作，降雨和河流水位的波动不像以前那样稳定，现在的情况是比最初计划时，（灌溉）需要更多的水并且运送费用也迅速地提高。最后，有一个移民者厌恶夏菲兄弟占优势的角色和不断上升的土地经营成本，在随后的几年之内，强烈地反对并揭露夏菲兄弟在操作中的丑行，并导致米尔杜拉和莱恩马克工程计划很快地崩溃。后来的皇家专门调查委员会维护夏菲兄弟私人的活动，但并不倾向于对于其合作人选择的商业发展计划。米尔杜拉工程最终在地方纳税人选举的管理董事会的控制之下，并且连同莱恩马克工程一起跨越州境（引水灌溉），逐步开始了缓慢的经济复苏过程。后来，作为澳大利亚墨累-达令河流域的巨大工程的创始人，夏菲兄长返回美国的加利福尼亚州，而他的弟弟在米尔杜拉工地坚持到最后，他终于恢复了灌溉工程的运行，并使得米尔杜拉工程和莱恩马克工程发展成为澳大利亚最成功的两个灌溉区。

在夏菲兄弟的工程搁浅的同时，以社会为基础的工作方案也在挣扎地进行着。在一些不适合的土壤上，大部分灌溉渠道不宜穿越排水。这就使得水渠系统遍布很远的距离去提供灌溉，增加财产和田园主义者所需的水环境，导致了持续的农业的低附加值和昂贵的灌溉成本，其效率也是低下的，并且产生了很少的额外收入。灌溉有创造产生更高回报的潜能，但它需要更熟练的管理。此外，基于灌溉信任的大多数人不情愿对他们的成员收费并偿还政府较高水平的贷款利率。

最后，公众的积极参与导致了1905年《水法案》出台。它是一个政府坚决执行的综合计划和高度集中的系统，它实质强调的是“改变”。这个新法案也巩固了政府对河床和河岸的水管理控制的统治。除了从夏菲兄弟手中接管确立的“第一米尔杜拉灌溉信任”之外，其他灌溉信任被废止，并且由强大的中央组织

“州河流和水供应委员会”取代。在建立了委员会的新管辖地区范围之内，对土地所有者进行强制的水分配并且为水征收费用，服从条件的，给予水权利。结果，为建立主要贮藏水库和配套工程的成本筹集资金的难题变得易处理了。另一个基本改变是（灌溉）从以往遍及广阔地区的干旱农场到以集中于靠近的殖民地（居民点）为重点的转移。维多利亚州则对其他土地利用缺乏驱动力，而对靠近的殖民地（居民点的集中灌溉）更感兴趣。新法案与1904年的“靠近殖民地（发展灌溉）法案”相结合，提供了执行这种方案的法令基础，它给了州政府大量的关于不动产的强制性的权力。

第三阶段是在澳大利亚殖民地发展的所谓国家社会主义的例子，最终由法比恩· 威廉、潘姆博·瑞维斯去检验。[65]在一个自信的官僚政治文化中工作，尽管伴随着相当独裁的诸多假定，但维多利亚人最终成功创造了许多相对成功的以灌溉为基础的殖民社区。对于维多利亚北部的大部分地区来说，同新南威尔士州南部和南澳大利亚河流下游一样，在那个（水法案）基础上建立了依赖于三个州达成一致意见，即给灌溉者可靠的使用墨累河水的权利。这需要政府间达成关于水分享的一致意见，包括在源头共同建设控制的贮藏水库，在干旱时期以及夏季和作物生长季节提供水。在他们自己的边界内，每个州能够成功地将“水”发展并综合到公共政策的正常框架下。然而，关于墨累河，问题是当涉及许多独立自主的权限时，这将如何去做?

第三章　让律师远离天堂*

在 20 世纪最初的 80 年里，所确定的墨累-达令河流域的水管理制度安排，对支配该流域的水事活动起到主要作用。在前 50 年左右，这个优先权使水的存储和分布达到最大值；在 60 年代晚期，水质量的风险问题在政治上变得更有意义。当墨累-达令河流域的内部司法管理系统确立初期的十年间，有一种建立更加全面的制度系统的尝试，这个系统将这一地区作为一个单独的单位来管理。从论证的角度来说，这对于数量与质量上的统一很适合，但是这个尝试失败了，主要是因为在 1915 年所依靠的最高法庭下设的州际委员会的软弱。[1] 成功的是：在国家干旱和共享计划的实行与建设中，嵌入了一个可利用流程和按比例共享的系统，此外还创立了内部司法秘书处，主要原因是水共享和建设工程需要持续的管理。在 20 世纪 80 年代，当河流管理变得更复杂时，它的存在使以后发展的中心管理作用变得更加简单。

实际上在澳大利亚，包括整个 20 世纪，水政策都是政治家和公务员的责任，这个结果不是通过法官，而是通过联盟的直接作用，这种情形需要经过一段时间才能变得清晰起来。同时，律师将会在一些混乱中变得非常成功，这种现象引起了很大的关注。这个形势会允许那个职业（律师）的成员们体验天堂（因为受宠而感到快乐，并从官司中受益）的乐趣。但是在至少一个世纪内，他们是走投无路的，《阿德莱德报》的一篇社论对于这种

---

* 由于墨累-达令河流域水资源管理缺乏制度创新，水事诉讼案件多，律师在打官司中获取暴利，让别人觉得收入不菲的律师们过着天堂一样的生活。

情形表示了担心。[2] 在联盟后，非常多的能量被扩大到尝试创立概念上或至少是来源于宪法的局部的管理秩序，在形成水法规的数年里，伴随着由许多支持者的国际先例混合而成的因素。这最初的起因主要是来自于混乱和僵局。

在 1902 年，阿尔弗雷德·迪肯在新共和国议院代表大会上告诉他的同事：

> 第 100 节大概轮廓是最复杂的——也可以说是最模糊的——整个章程的一部分，最初确定的时候是非常困难的，我们的权力和力量是什么，接下来就是，坚持它们最机智有效的方法是什么。[3]

就是这个有着法律混乱的州，使国家都无法诉诸于法庭。假设在不确定的情况下，对任何一个政府来说，只使用法律手段都是一种赌博。这给邻居之间的非常勉强的合作留下了最可行的选择。作为诉讼这一高风险策略的一种选择，国家政策方法为政府提供了更大的权力。它有更大的潜力来产生美好、和谐的结果，这种结果能考虑到对不同兴趣的关注。讨论的过程，通过协议立法而形成，提出了许多要点，如果政府不喜欢协商进而会感到遗憾。

然而，那些能够迂回处理、妥协需要的办法对法律的吸引是有突破性的，很长一段时间以来仍保持得很强烈，尤其是南澳大利亚政府。1904 年，它保持着显赫一时的合法商议，艾萨克·艾萨克斯，是最高法院的主要审判官，他和联邦首席检察官乔西·西蒙，都希望他们提供的建议会支持对超越国界发生的事件增加影响；帕特里克、麦克马洪、格里恩，他们都是南澳大利亚利益的长期受益者，作为后备力量，他们明显地不关心潜在的利益冲突，关于墨累河，他们准备了合法的、可能性的两个册子的评估。[4] 在 1914 年时，争论之一是为了帮助维多利亚女王时代的议会通过立法来实现的《墨累河协议》，这个协议可避免南澳大利亚诉讼的危险。[5]

南澳大利亚州现在有了一些影响力，存在着干涉联邦政府的可能。联盟契约的绝对特征是每个政府会保护自身的基本利益。南澳大利亚总是将墨累河水域的河口地区视为它最基本的优先权。虽然争议对于新南威尔士和维多利亚两个州来说无疑是重要的，这对于南澳大利亚州来说更是如此。可以说在整个过去的一个半世纪中，优先权的差异对于三个州政府间的交互作用有着非常重要的影响。

设计出能让所有政府都在政治上有可接受的解决方法，胜过于在法庭上关于宪法和合法权利的持久而拖延的争论，而这种（政治上的方法）效果在联盟之后比以前要大得多。另外，看起来像是有强大的团体支持这些争议，但要从公共利益角度来解决，胜过于允许通过设置政治上的条条框框。为了反映这个精神，墨累河保护会议通过的一个活动，即于 1902 年在克罗瓦举行的，要求“所有经过法律认可还没有指定的所有‘自然水’将会公告成为‘公共水’（还不同于‘商品水’），并且要服从适用于整个认可的法律下的一个适当的制度”，并且要求联邦政府和州政府应该“保护全部人民利益的最完全的可能的使用”。[6] 同样地，为了响应那个会议而建立的州际皇家专门调查委员会的报告评论：

> 各州权利应该被留置下来在法庭上作斗争，这将会是公共灾难：试图用那些未经其他考虑又被认为是合法范围内的依据来解决，它（的后果）将是不比（公共）灾难少。[7]

整个 20 世纪，墨累-达令河流域的内部司法关于水管理历史的一个附加因素，是最后做出的安排，显然远不及原来打算的那样全面。随后将近一个世纪的时间里，安排的处理广泛范围争议的方法的失败，仍然削弱了管理墨累-达令河流域的成就。还没有这样的一个制度，使墨累-达令河流域的制度结构通过在他们引发的争论中得到一系列特定的妥协和发展。航运和灌溉间的由来已久的矛盾终于得到缓解，但并不是在墨累-达令河流域下游

（水道水量）分配上留下持久的烙印之前。此时这引起了新的关注，即如何来发展他们对拦河坝、闸、堰和水渠的依赖（这与他们解释的最初理由没有多少关系）。这些年以来，较多的水坝被建造或扩大，南澳大利亚州水需求的分配增加了，并且在缺水的时期，尽管有时有相当大的政治骚动，但是按比例共享的管理体制变得更清晰。社团工作所扮演的角色的问题是断断续续出现的，有时是停滞的。在联盟以后普通民众立即变得非常的重要，在很长的一段时间里，普通民众很大程度上与制定的政策有关，大概是因为大多数人关注现在正在发生的事情，但是接近 20 世纪末时，公众的意见再一次变得有影响。

联盟后的谈判

随着持续的干旱以及对宪法协定揭露出的僵局的响应，1902 年 4 月在克罗瓦，在海峡同盟创建的墨累河保护委员会的支持下，关于墨累河管理未来选择权的州际谈判重新启动了。虽然在当时及以前，这个谈判被认为很重要，但这次的克罗瓦会议很多人并不知道。然而，与九年前举行的克罗瓦联盟会议（备有证明文件）相比，相当多数量的结论被推断出来。这两个会议在很大程度上来说，都是由来自克罗瓦和比瑞干这两个小城镇的相同的人群组织的，走着为了大致类似的目的（包括国家建设）的同样路线。历史学家一致认为，1893 年的会议是在 1891 年起草的国家宪法不被人接受而且日趋衰弱的情况下，以及在动员社会支持联盟的策略上召开的，这是一个非常重要的事件。[8]1902 年的会议计划，在宪法条例 1897—1898 中出现明显的不适宜以后召开的，两者都是为了墨累河未来的管理做一样的事情。

1902 年会议的计划和准备由社会委员会接手。然而，在克罗瓦，来自四个州政府的资深政客出席会议，预示了在幕后有着相当大的政治上的协调和鼓励。在 1902 年参加的政治会议中，出席了社会委员会代表大会的有爱德蒙德·巴顿先生、联邦总理威廉·莱恩先生、联邦国内事务部部长约翰·思先生、新南威尔士州州长亚历山大·皮科克、曾任维多利亚女王时代的总理约翰·汉纳·戈登先生、南澳大利亚州司法部长约翰·沃森，还有联邦反对派首领、许多州领导人以及因为某种理由来到的塔斯马尼亚州的财务官员们，等等。*

像当地的组织者一样，许多在 1893 年参加会议的政客也参加了 1902 年的联盟会议。1893 年，巴顿曾是新南威尔士州联邦事业的领袖，而且虽然他没有出席，但他仍是 1893 年会议的幕后组织力量。1884 年，威廉·莱恩以前曾是新南威尔士的州长，而且还是负责皇家水资源专门调查委员会的部长。1893 年，他是公共建设工程的部长，而且还是新南威尔士州赴克罗瓦联盟会议代表团的领导。亚历山大·皮科克带着众人皆知的愚人笑声，并作为维多利亚代表团的一员参加了，并且帮助约翰·奎克为了宪法协定使克罗瓦会议成为联盟会议，作为受欢迎的代表，他们起草了关于直接选举等富于转折而创新的提议案。后来，在 1914 年，皮科克代表维多利亚州签署了墨累河协议。

在 1902 年的会议上，来自维多利亚州北部、新南威尔士州南部和南澳大利亚州瑞马克的代表齐聚一堂。新闻报道指出，它是一个真实的、纯血统的、散漫的社会事件，这很显然没有被政客们过多渲染，也没有发现官方记录。但是有关会议进程的说明出现在许多报纸上，更详细的是在当地的半月刊《克罗瓦自由报》上，它的封面显示了幽默感。[9] 它在说明中有趣地描述道："作为来自三个州的代表，都是一个国家的公民，现在要联合在一起"。当关于特别的问题出现争论的时候，尤其是对有关灌溉、

---

* 许多近当代的文件记载，南澳大利亚州长出席了，但是他未被报刊在相关报道中提到。在这个时期的不同时候，司法部长约翰·汉纳·戈登出席了会议，并担当了主席，这一事实引起了混乱。

航运问题，会议记录描述了如何展现他们讨论和分享相同价值的同时，强调气氛很和谐（会间伴有很多笑话）。

4月2日即星期三的《克罗瓦自由报》记载，会议受到强烈的反对和批判，其进程是在来自贝瑞干的格曼的答辩开始的，被看作是“带着巨大的渴望创立一个含糊的议程”。然后，他们开始言归正传。新南威尔士州的灌溉者关心的是：当谈及南澳大利亚河流管理的时候，是否是首先要满足航运需要；而维多利亚州灌溉发展与他们自己的州（新南威尔士）相比，正紧锣密鼓地向前发展。周三的进程是在称赞演说者有“高超的演讲技术”的笑声中结束的。第二天将重点放在航运与灌溉的优缺点上进行了激烈的讨论。关于会议总结，《克罗瓦自由报》认为，会议为了未来的发展将优先权授与灌溉，表明河流中有足够的水使澳大利亚胜过阿根廷（意旨阿根廷的母亲河——拉普拉塔河，其流域水量丰富，它灌溉的拉普拉塔大平原是阿根廷的经济中心）。

在第二天会议结尾时，一系列的提议被通过了。为了顺从总理、州长和周五早上正式会面的部长们，新闻报道反映出了会议所给予的一种感觉：联邦政府现在发挥着主要的但是不明确的作用。星期五下午，总理对社会代表和政治领袖声明，三个州的政府都同意任命一个联合的由三个州代表的皇家专门调查委员会，负责检查会议提出的提议和圣诞节期间出台的报告。任命它的任务是：

> 制作一个勤勉的、详尽的关于墨累河水资源保护和分布以及为了灌溉、航海、供水系统为目的询问方案，在新南威尔士、维多利亚和南澳大利亚每个州使用墨累河水时，用来报告水的联合分配情况，并且用最好的方法联合调度；相反，为了上述的保护和分布的目的，更要关注实用性，包括为了实现这样的目标及其他问题进行必要工作的成本核算。[10]

巴顿强调用谈判这种办法解决问题的价值，并在必要时是可以避免拖延诉讼的，认为关于委托和移交给国家的责任，应该建立适当的制度。

随着大会的完成，那个晚上的最后一个事情是“社交烟幕”，据报道那是充满和谐和兴高采烈的。歌曲点缀着总理和其他杰出人物讨论当时问题的讲话。对于政客们来说，这样的社会事件是用来直接接触公众的重要时机。总理告诉听众们说，联邦不应该被看成是外来的或外国的力量；国内事务部长说到改变看法时，他已经准备好并在不远的将来要介绍“给女人投票权”这个议案，表示有些事没有变化。《克罗瓦自由报》记载当时的情形，并注意到政客们一讲完话就迅速离开，因为“他们喜欢听自己说话，而对其他人的讲话，有着根深蒂固的反感”。

会议主席格曼在他的结束意见中再一次表示了对贝瑞干的人们的提防，因为上一次事件给他带来很大的压力（即4月2日的发言使他的“渴望变得声名狼藉”）。关于克罗瓦和附近的城镇贝瑞干及奥博瑞之间的竞争，杂志、报纸报道的一个愉快的主题。为了响应奥博瑞市长的“有关克罗瓦组织者提出‘企图故意侮辱’”的声明，这些组织者未能邀请他和当地政府议会成员，尽管会议提议在他们的管辖区内建设重要的水资源存储项目，《克罗瓦自由报》通讯记者愉快地报道了这次邀请是由贝瑞干组织者发出的，而并不是从克罗瓦组织者那里发出的。城镇之间的竞争没有什么新的内容。克罗瓦居民主张他们的城镇作为未来的国家资产，将是一个理想的选择。为了响应这个主张，在1893年联邦会议的引导下，在《奥博瑞边界报》发表了一篇社论，评论“我会热诚地允诺克罗瓦，在奥博瑞为了娱乐豪饮的政客的安排中，他们将没有竞争对手”。

南澳大利亚代表从克罗瓦回来的时候，因为他们对所受到的接待感到非常高兴。抵达阿德莱德火车站时，戈登向《广告报》记者解释道，“我第一次感觉到南澳大利亚从联邦得到了某些东西”。[11]但是，在那年8月份之前，他支持总理抗议维多利亚政府扩展“格尔本/麦利计划”有所动作。关于墨累河的跨边界论争又一次开始了，并且一直持续到现在。

1902 年的皇家专门调查委员会提出了许多关于后来谈判的结构和最后协议的建议。当它在 1902 年 12 月发表报告时，皇家专门调查委员会为了调整整个墨累河系统的水管理方法，进行了激烈的争论。

> 考虑到要求权和分配权，河流及其支流必须被看待成一个系统。事实上，墨累河除了它的支流几乎不存在……任何想要分别处理它的尝试将是徒劳的：它们本来就是单一系统的部分，因此必须这样处理。[12]

要确定和协调的最重要的问题之一是水位标。国家已经用单独的方法设计了测量系统，这个系统使跨边界的比较变得很困难。委员会的报告毫不含糊地表明，这是个错误。

> 河流测量的价值随着时间的延长而增长：在澳大利亚，系统的观察和记录保持一致是非常重要的。这只能通过委托工作给权威人士或在州间进行适当的调整而达到。[13]

对所有的高质量的并且保持同等重要性的相关记录要贯穿于整个司法管理，比如在 1914 年准备引入并批准的体现《墨累河协议》的所有主要报告及主题。

为使墨累河水资源的经济生产率最大化并使国家和社会得到好处，这对于皇家委员来说是个关注的焦点。许多人认为美国西南部的灌溉业的成就，是一个非常有说服力的例子，而 1902 年皇家专门调查委员会的报告出现了一些自相矛盾的地方。一方面，他们的报告叙述了以灌溉为基础的靠近（河渠）居住地的生产力发展潜力是非凡的，也使金融兴旺和城市化生活方式变为可能；另一方面，报告暗示了无限制的私人的竞争操作，导致频繁的诉讼和劣质工程出现以及高耗水率。除此之外，许多开发者很难在很长一段时间内，在投资基础构造和产生好的利润之间保持偿付能力。[14]委员们在澳大利亚政府减小当地社会的灌溉发展的风险时，更加偏爱积极而普遍深入的角色。也存在关系到巨大的私有化发展的期望，使得私营企业家将能够更加接近和控制移民者的生活，在迈德罗和瑞马克的夏菲居民点就是一个明显的例子。[15]

这段时期大多数有关水政策的论争都集中在航运和灌溉之间的冲突上。然而，在这个问题论争的背后存在着更深层次的问题，这个问题就是对于水政策来说具有长期的意义。主张水应该服务于最强势的合法权利的国家利益，还是应该越过流域作为一个整体来促进公众的利益呢？在将近一个世纪以后，在呼吁国家竞争政策的设计者的声明中，伴随着各州边界问题引起的急躁和无能为力，三个委员写道：

> 依赖河流及其水资源的州——主要是由河流或其支流因素（包括自然环境、人为工程等）及水供应等相互作用，这些应当被视为一个有机整体。要解决的问题是：怎样和根据什么原则确定权利（如永久居住地的广阔范围）、赢利性的最大限度、最积极的国内贸易和最有利可图的对外贸易等？从这个观点来看，最大的权利应该由国家确定，因为国家拥有最大面积的水浇地，这种土地受可供应的水量支配，也是非常有特色和较高质量的，或许能获得灌溉带来的利润。[16]

报告的一个重要特征是对墨累河流动的可变性的识别。它说明短期内的河流流动的记录情况。如威莫拉河的变化在最多雨的记录年是最干旱时候的 12 倍、格尔本河是 4 倍、马兰比吉河是 7 倍、达令河是 10 倍。[17]在特定的环境下，可将墨累河的平均流动（水量）按体积分成三个州的各自份额。[18]

河流建闸坝前后有很大差别，建闸后，只需少量的水就可保持足够水深以维持水路贸易。一般在每一个阶段的水位线上，上游各州要根据水流量来限制他们的取水量（依照一年之中的时间变化）。在公告的干旱和低水流动时期，水将在三个州依照商定的方案按比例分享。除了被提议的堰和水闸系统，《报告》也推荐三个州要平均投资建设奥博瑞上游的主要水库，贮存的水应该按照相同的比例分享。随后，堰和水闸建成之后，提出了一个允许更多的水流向新南威尔士州和维多利亚州的水流量（观测）表。为了体现《协议》中强化管理的要求，同等的水位标运转管理系统的建设要纳入计划，皇家专门调查委员会建议应该由三个州按各自的人口数量比例出资建立。[19]

皇家专门调查委员会的南澳大利亚州成员波切尔当场就不同意这些诸多的建议，他认为委员会的主要责任首先是满足航运的需要，然后是考虑应该有足够的附加流量以满足灌溉的需要。严重的冲突是其他两个委员提出的（低水位）流量的时候，可利用的水应该在各州之间如何分享。依波切尔看，如果在这时不允许灌溉的话，那么航运的时间就可以延长。

波切尔也因为同样的理由反对这个规则，为何南澳大利亚要投资 1/3 的上游水贮藏成本而得到保留的 1/3 的水权。他争论道，有时对于航运来说流量太低的时候，上游州是否要用他们的 1/3 贮藏的水来支持灌溉，那么这种安排对于南澳大利亚来说就没有用了，因此，新南威尔士和维多利亚两州应该支付建造水库的所有成本。由这些不同意见引发的情绪很清楚地表现在他对主要报告的异议中，甚至更多地表现在他的委员同事们的简洁回答中。后来的文件，有着这样的注释“很难理解波切尔先生的立场”，“提出这些段落来进行更进一层的批判是无用的”，“对于波切尔先生来说……当然是太荒谬了”，到他们的“联合”为止，后来的文件给出了委员之间、州之间关系的某些暗示。[20]

一个世纪过去了，波切尔的立场可能看起来不合理了，但是如果在根本上来说，航运的未来必须有他的热情的支持。在皇家专门调查委员会报告包含的提议中，可以被视作双方选择中最差的。没有足够的水就不能航运，但为航运保存如此多的水，那么灌溉发展就会被严重限制（这当然只是在堰和水闸建造之前的临时安排。在那之后，希望这两种用途之间的竞争会减弱）。在 1902 年的报告起草结束后，南澳大利亚州长写信给维多利亚州长并强烈支持波切尔，声称在1896年前的10年，河流适合航运时候的（水量）百分比，比如果执行皇家专门调查委员会的提议的情形下高得多。维多利亚州长有力地表达了相反的立场：

> 对于常识来说，没有什么比这种想像更不得人心，即可能被利用来充实并补偿肥沃土地的数百万吨的水，应该被允许年复一年地流入海洋，而且，除了满足一年中有某些月份维持某种不稳定的航运和那些尚未开发并很少有人居住的区域（的水量）并无其他效果。[21]

最后，卷入这场争论的许多人认为，处理南澳大利亚要求的最好的方法是通过时间调整，从而允许铁路的发展以减少水路贸易，并按照最后发生的情况来解决这个问题。[22]

据1902年州际皇家专门调查委员会的报道，尽管分配方案已经清晰，三个州的州长于1903年4月在悉尼还是召开了一个冗长的会议，在最后一天，关于河水流动分配问题达成了协议。[23]然而，只是在维多利亚州，议会提交了立法协议，但在第一次公开宣读就失效了。[24]1903年干旱的结束使问题变得不是很紧急，虽然这个主题在之后的几年里，一直在州长会议上讨论，直到1907年，协议才又一次达成。然后，在1908年协议被进一步修改。然而，法律支持的长期协议还是令人迷惑。

下一个解决分歧的尝试是在1910年，它是由维多利亚皇家专门调查委员会主导的与另外两个州唯一而最小的合作。1908年，在三个州的州长达成协议的“违约”之后不久，南澳大利亚人考虑确立另一个调查。然而，其他州坦率承认缺乏参与性。讨论他们所见的情况，如南澳大利亚大量投资水闸和堰坝的建设，当有可能将维多利亚的内河港和铁路系统放置在更中心的区域时，（他们）将可能是河流的主要受益人。他们记载：

> 大量的开支将给许多的地区带来利益；那些公共建设工程是国家开支的一个好的、公认的特色。对南澳大利亚河岸的关注将可能创造利润（这些值得特别关注的，我们认为是

有很好的组织性和有影响的)；但是南澳大利亚的纳税人从这些巨大的、有风险的且未经考虑的花费中得不到任何补偿。[25]

对建立一个永久的州际司法会议或委员会的评价，是 1910 年皇家专门调查委员会报告的一个重要的主题。注意到在欧洲或美国，对于这样的一个团体还没有明确的先例，《报告》解释说这个想法在墨累河流域中的讨论已经最少有 20 年了。它争论道，倘若在这个中心点上，信息可以在各州之间交流，这个中心点将平息南澳大利亚的恐惧，这常常是由上游灌溉发展的传闻引起的。通过对贸易、铁路及江轮活动的集中统计，一个州际的委员会将同样协助和通报江河管理的未来优先权。不仅仅只是暗示，还缺乏根据地提议南澳大利亚政府夸大水路贸易的经济重要性，支持三个州应该共同提议计划或投资来建造水闸和堰坝这一要求。依照报告，调整水位标、计划和编制水库的施工管理以及航运与灌溉的竞争需求等。这些都需要建立这样一个团体，是符合人们心愿的。其他可能的好处包括对提议的研究和教育来发展墨累河流域辽阔的内陆地区。另外，维多利亚委员会宣称，一个州之间的河流管理的司法团体，应该被建立起来，即使只有三个政府中的两个愿意，这个设计大概是用来遏制南澳大利亚的威胁的。*

1914—1915 年的《墨累河水协议》

接下来，如同早期的研究一样，在 1910 年，维多利亚皇家专门调查委员会没有引起任何直接的结果，三个州联合承担了主要的工程研究，这个研究在 1913 年发表了见解。然而，这对于

* 与 1902 年的州际皇家专门调查委员会类似，1910 年的皇家专门调查委员会同样以在委员会的多数和两个反对者间结束了精力充沛的交流，既然这样，就不管灌溉居住地应该通过移民或者是在本地恢复了。

最终在 1914 年达成协议的另一个会议来说是一个先驱。可是，即使在协议签订以后，它仍然不得不接受来自四个州议会中的每一个的严厉批评，它需要三个州共同通过并且在它可以实行之前，联邦政府没有任何意见或变化。每个州相继的争论的风格或一些暗示，可以从维多利亚的小册子《墨累河水协议》中的事实与推论和批准的案例中看出，这些是由一个被称为墨累河水域委员会的团体批准的。*

这个小册子声称，这个协议是南澳大利亚需要来帮助避免诉讼而公开的，诉讼可以延迟并抑制维多利亚的灌溉前景。在解释了那些事情之后，除非维多利亚议会通过这个协议，不然的话，国家的灌溉将被墨累河支流限制，那样的话，将不会建造任何蓄水水库。通过可实行的立法给维多利亚带来了许多的好处。这些包括：

- 与其他州在法律上和政治上的争论的结束；
- 除去南澳大利亚的（水）配额，这个配额将缩短干旱的时期，在奥博瑞以上的河流，拥有计划贮藏一半的水的支配权。对于南澳大利亚的航运，维多利亚也将有保持航运的最低水量的好处；
- 比 1913 年灌溉的水量多出 30 万英亩土地所用的水量；
- 为米尔杜拉以及来自于新南威尔士主要海岸的其他移民的某一系统供水；
- 从天鹅山到米尔杜拉的公有土地的价值增加；
- 据报道，在卡罗瓦与巴马之间有 750 户农民已经准备好使用灌溉水；
- 拥有支流的所有水权（尽管出现像以前来自于新南威尔士

* 墨累河委员会，[1915 年?]，其内在本质和属性包含在小册子之内，指出墨累河委员会是一个来自沿着墨累河的许多不同的灌溉联盟的可能有着强烈代表的团体（包含产业联合团体）组成，由来自维多利亚政府的支持和运行。

的可能的合法威胁*）；

- 用泵抽水的花费的减少，因为按照协议将要建造的新水闸会使水位上升；
- 至少有700英里的永久水路；
- 铁路收入的增长；
- 与瑞瓦纳之间更多的贸易将变得日益繁荣，尽管作为新南威尔士附加灌溉的结果（协议的附加条款）；
- 有可靠的水储备。

小册子声称，在三个州中维多利亚州将从协议中受益最多。通过声明推断“当这个协议开始实行时，一个新的州将被增加到维多利亚”，所涉及的是在墨累河南部的很少有人居住的平原。其他州的协议的拥护者大概在类似的谈判中，使这个事情变成他们自己的事情。着眼于准备1914年协议的这段时间，存在这样的证据，即联邦政府通过可应用于政治的杠杆作用来给南澳大利亚提供新的途径。奋力争取合作的结果是将提升联邦政府中该州的人的利益，比较突出的是帕特里克·麦克马洪·格林恩，福特·克拉克形容他是“南澳大利亚呼声最高的拥护者”。[26]自从在1887年墨累河会议上，他被指定成为南澳大利亚皇家专门调查委员会的负责人，他参加了所有的主要谈判。在联盟以后，格林恩能利用他的职位（在联邦政府中作为高级部长）继续发挥他的一连串的作用。后来，新南威尔士总理威廉·霍尔曼对于他的政治类型提出了一种滑稽的评论。1915年在博兰克镇的第一个墨累河水闸的开幕式上，说到南澳大利亚的观众，霍尔曼对参加庆

* 在1889年在新南威尔士工程师亨利·帕克斯的简短笔记中写道，“麦肯尼是后来的管理墨累河的委员，新南威尔士作为墨累河水道的拥有者，在维多利亚支流中有着某些权利。这显然在1886年委员的联合会议中被维多利亚州承认。但是在会议上，新南威尔士同意放弃那些权利中的一部分。对于维多利亚来说，使得允许新南威尔士州连接水坝到墨累河南岸并同意负担部分花销成为条件，随后感觉是很明智的。”见克拉克，1971年，澳大利亚水法：第317－318页。

祝的人群说：

> 格林恩先生有两个指导原则——一个是联邦精神，另一个是州的权利。他认为无论何时他做任何事情都应该表现出联邦精神。但是当他们在南澳大利亚想要做任何事时，格林恩先生希望他们记得南澳大利亚州的权利……。[27]

直到1913年，外交部长格林恩说服约瑟夫·库克总理阁下允诺联邦基金以外的100万美元，如果墨累河协议得到通过，这些钱将用来建设被提议的水闸和堰坝。[28]这是个相当大的金额，它多于在上游奥博瑞建造的主要水库（休姆大坝），大概是包括了鼓励所有的州都同意（协议通过）的交易成本及用于其他某些涉及的成本。*

到1915年末，墨累河协议已被合并到法律中，并由四个议会一一通过。[29]它包括三个主要的部分：第一，有一个计划的工程制造厂的项目，作为一个完整的建造和操作程序，它体现了国家的责任。工程费用将通过四个政府（含联邦政府）运转和维修，在他们的权限内，三个州的责任被平等地共享；第二，是水共享规则。在提供规定的每月流向南澳大利亚的水量以后（根据一年中的时间不同，每个月将不同），新南威尔士和维多利亚州将平等地共享在奥博瑞（以上）的河水流程，并持有他们的支流水域的专有权。如1902年州际皇家专门调查委员会推荐的，并同意在干旱时期由三个州之间按比例共享协议；第三，委员会的四个成员，都是来自就任于每个政府的联邦代表并由一个小的专任的秘书处支持，被确定工程项目的检查、执行和水共享的安排情况。[30]

桑德福德·克拉克提出争论意见说：有证据表明，墨累河水协议最初有利于促进建立一个比最后情形的体制结构更全面的墨

---

* 1902年，被推荐的大坝建设的花费包括在库博罗纳到奥博瑞上游购买土地32公里，估计约787 500澳元。见州际皇家专门调查委员会关于墨累河协议，第41页。

累河委员会。依照克拉克所言，依法实行墨累河水协议的一个不寻常的特点，是高级法院或有关州最高法院的规则或程序由委员会决定做出。虽然对怎样应用克拉克的建议还存在着困惑，但克拉克的建议对起草协议的谈判代表显然意味着“墨累河委员会的决定”在法律上是可行的。[31]超出这个，他认为，有确实的证据说明，墨累河水协议和墨累河委员会是用来与州际的委员会结合操作的，州际委员会这个团体是联邦体系关于通过对宪法“拓宽范围等困难问题”做出决定的关键部分的制订者。[32]

墨累河水协议与州际委员会之间的关系在宪法协定的争论中被确定，于是，在1912年立法通过建立州际委员会，[33]开始修正宪法并为墨累河管理提供责任的法案，包括它的支流委员会（如马兰比吉河委员会）在众议院通过州际委员会法案之后被撤销。在那个时候，有很多这样的期待，即新的团体将可以解决任何州间的突出的争论，例如那些关于墨累河的争论。依法实行墨累河水协议是议会通过的，不久以后州际委员会建立了，在克拉克看来，这是非常不可能的，这两个是不会被联合起来看的。依法建立的州际委员会有很多宽泛的条款，来描述解决河流问题的权力范围。开始的行动在它自己的要求上是可能的，但接受从别处而来的要求，并且带来损害和命令就有些困难。克拉克认为：

> 州际委员会是这样的一个职位，它不仅仅代表各州对墨累河主干道的水有定量和定性（评估）的权利，并且可以控制并防止支流河的上游州的更多的自私自利的吵闹行为。在这个设想上，墨累河水协议应该被限制在墨累河的主干道上，因为只有在主干道上，水库及水闸的建设才可以进行财务上的合作。因此，同意促进和调节流向南澳大利亚的每个月的流量，这是完全适当的。

然而，依照1915年高级法院所做的决定，有效地剥夺了州际委员会的大部分权力，这些计划都失败了。依照克拉克在20

世纪 70 年代写给代表的信中，没有州际委员会，“墨累河水协议是一个以完全不适当的手段强加的政体来管理整个流域”。[34]

或许是对这些挫折的响应，当他们在 1920 年 5 月和 7 月会面的时候，州长们同意了对于墨累河水协议的许多重要的改动。墨累河委员会将是个法人团体，直接按照协议计划为所有工程建设以及对工程设备有任何要求的人负责。即使目前的（选举）是更加扑朔迷离，他们也要同意改变委员会的投票制度，所以，有 3/4 的多数就足够了，胜于先前所有主要决定要求的一致性同意原则。然而，这是最后的主张，还是导致了在立法中被新南威尔士议会拒绝？最后中断了所有的州长赞成的修正方案。[35]伊顿在 1945 年的记录如下：1918 年以后，他是南澳大利亚墨累河委员会的委员，说明对墨累河协议有提议改动的计划，应是按照既定的协议尽量减小障碍和延迟的可能（与现在还在位的那些人看法不同）。尽管后来有了 30 年的经验，作为一个委员，他从未提出任何没有根据的忧虑的意见。

依照伊顿所言，由于州长的推荐和总理鼓励，导致了在 1920 年的修正协议，这是政府开始执行墨累河水协议并实施建设计划时遇到的实际问题。三个州的建筑工人在不同的奖金制度下工作，这在休姆大坝建设时引起了制度上的争论，在工地上新南威尔士和维多利亚的工人并肩劳动。在西部的联盟间存在着其他争论，即南澳大利亚的工人是在南澳大利亚的工业奖惩制度下，为了水闸、堰和维多利亚水库的建设，在维多利亚和新南威尔士州工作。

在休姆大坝，情形更加困难，在那里，“就移民而论，存在和缺乏某一调和，如统一管理的工资和普通保险条款及购买一些存储品等等”。关于他详细的方面，伊顿将 1920 年的修正案描述成试图矫正“那些被认为是缺点的”内容。[36]在他们被新南威尔士议会拒绝以后，休姆大坝的工作由处在边界的并对大坝的部分建设负有责任的两个州的建设权威部门独立承担。休姆大坝现在保存 3 万亿升以上的水，刚好能满足澳大利亚最大的乡村城镇奥博瑞以上河段的水流量。在 1996 年 8 月，在大坝坝墙发生了“移动”，导致了墨累-达令河流域委员会立即命令排放大量的水，因为担心它会倒塌。主断层发生在两个独立建设工程的连接点上。推测起来，这个“事件”是上帝开了个古怪玩笑，即讽刺在联邦政府体系中保持州自治而引起的设计或建设缺点（缺乏协调和相互技术层面的沟通）。*

墨累河水协议的工程计划要在 20 世纪 20 年代到 30 年代实行。它的主要组成是：

- 墨累河上游的奥博瑞建设休姆湖蓄水；
- 扩大维多利亚湖，这个自然湖刚好在新南威尔士邻近南澳大利亚边界的墨累河的主要水道旁，用来供给南澳大利亚州；
- 在靠近亚拉沃加的导流河道将水引入新南威尔士西南部的平原；
- 沿着墨累河、马兰比吉河和达令河的一连串的堤堰，有利于航运；
- 建拦河坝分开来自库龙潟湖和墨累河口的较低水位的湖水。[37]

在 1924 年，墨累河水协议做出了许多的改变，它们中大多数都是微小的，但是联邦政府同意提高对工程项目的资助，从 100 万澳元到总数的 1/4，最高达到 1933 年的 1 200 万澳元。这

* 墨累-达令河流域委员会年报 1995/6，第 55－57 页。后来，尽管证实“紧急释放”只是依据高水平的独立研究所做出的适当反应，墨累-达令河流域委员会在给（被不可避免的流向下游的洪水破坏的）土地拥有者的财产惠给金时付出了很大的金额。虽然没有公认的责任，但是选择拖延诉讼，没有确定的有利的结果。见亚当斯，2002 年 10 月。等到“跨边界水争端和选择性争论的决议的解决，大坝就可能移动了”。对这段时间，存在着宽泛的意义。河流管理者应对损害或由故意释放淹没潮湿的土壤或为了其他环境目的产生的收益损失负责任，这可能是导致许多破坏或减慢更好的河流管理机制的进入的原因之一。见 Tan，PL，2002 年 4 月。“涉及水使用的法律问题”。

是联邦政府跨出的重要的一步，它慢慢地越来越多地参与到墨累-达令河流域的交互式司法安排中。在 1933 年，它也同意了完成休姆大坝来存储 1 250 000（英亩·英尺）的体积水量，也允许之后扩大到2 000 000英亩·英尺（2 500GL）。相反，要建设堰的数量从最初提议的 59 个调整到 14 个，但是为了补偿南澳大利亚，将较低水位的湖与在库龙潟湖分开的水坝被增加到建筑计划中。[38]在 1945 年，决议同意二战前的决定，扩大休姆大坝库容到2 000 000英亩·英尺。有趣的是，有些州认为集水计划会减少大坝的泥沙，还要扩展计划改善那些用来存储更多的水，以改善土地和水管理，联邦的资助对于这些州是有条件的。不管来自哪些州的反对，这都可能是联邦政府在墨累-达令河流域利用财政手段为完成环境目标的第一个例子。[39]

发展的客观因素

发展需要强调物质财富和驯服任性狂暴的大自然，这在第二次世界大战之后紧接着的几年中很可能是最确信无疑的。它就像维多利亚州长亨利· 勃尔特和南澳大利亚州长托马斯·普雷福特一样，强有力的执政使州保持全盛时期长达 27 年之久。[40]正如战后重建的计划者、银行家和国家政策经纪人那盖特·库姆斯，在一次与澳大利亚领导人讨论乐观主义（这是在第二次世界大战以后一次很宽范围的公共活动）时，谈及澳大利亚政府成功地应用了中心计划与战争对抗，现在他们认为可以用同样的方法，来解决他们所有的其他问题。[41]

对于南澳大利亚政府来说，发展的主要障碍是水缺乏。对于缺水的关注支配着该州的历史，从那时到现在，在 1830 年，斯图尔特的远征到墨累河以后不久（南澳）就成为殖民地。其后，农业居住地被严重限制，值得注意的是阿德莱德的扩张使人们生活和工业用水受到限制（至少长期以来许多居民有这样的认识）。

在1940年代和1950年代晚期，墨累河水开始分布到该州的周边，输水管线的到来通常是一次盛大的庆祝的时刻。1943年，当墨累河水到达崴阿拉时，最初发生了一个事件：这是一个伟大的时刻，以州长汤姆·普雷福特拿着的灭火水龙头使水涌出为特征。他展示，怎样通过应用它而使当地的警官惊讶，使聚集在一起上学的孩子兴奋。[42]

1954年，输水渠道到达阿德莱德。最后，城市用水将从墨累河水提取平均40%，在干旱时期增长到90%。[43]在墨累河与州首府之间的沿线上，大部分的人都居住在这里，大大地增加了南澳大利亚河水的依赖性。伴随着好处，依赖的风险也变得越来越大。干旱是一个很明显的危险，但是更危险的是缺乏反对上游州继续增加他们提取（墨累河水）的政治上、制度上及法律上的保护意识。对于上游州，限制他们转移和增加水流量是主要的因素，即水流进入系统中，要按照墨累河水协议，需要提供给（下游的）南澳大利亚州的水权利，那就是保证15 000亿升的水量。额外的水只在边界流动，因为上游州没有增加他们的消费量，按照墨累河水协议，他们拥有这个权利。在即将到来的十年中，形势造成的不安全感是影响南澳大利亚政府和它的上游邻居关系的主要因素。

雪山水力发电计划

建造于20世纪50年代和60年代的雪山水力发电计划，使以前被雪山融水带向东海岸的大量的水改变流向，通过大分水岭山脉向西并汇入墨累-达令河的上游河流，在前进途中产生了相当大的水力发电的能量。为了这个计划引起了很多问题并使得各方的关系紧张。维多利亚州和新南威尔士州都需要同意流向西面的水流的水分配问题，包括在这个过程中产生的电力等问题。另外，对于南澳大利亚需要解决的问题还是存在的。最初，联邦政府、新南威尔士和维多利亚政府试图在谈判中拒绝接纳它。

在考虑墨累河体系的总体水利用的情况下，来自雪山河水的供水量并不大。然而，雪山在大分水岭山脉的顶上，它在墨累-达令河流域中是最可靠的水源，因此。在干旱时期是至关重要的。雪山的水质量是非常高的，作为南澳大利亚墨累-达令河流域的西部，一个很重要的因素是在这一地区被含盐问题困扰。作为在整个流域体系末端的州，南澳大利亚非常关注雪山水力发电站计划。尽管南澳政府担心它不会从这个计划获得利益，它的代表说道：联邦政府要利用南澳大利亚的税收来帮助资助这个计划。

新南威尔士州提议给南澳大利亚支配支流的权利（达令河以它较高的混浊度和高盐度而著称），而不是来自休姆大坝有着高质量的雪山融水。对于这些提议，同样存在着反对意见，这是第一次把水的质量作为州际谈判的问题摆在桌面上。南澳大利亚州反对把支配权延伸到蒂默特水库，它供给的马兰比吉河灌溉区域，这将充分地改善雪山计划的工程效率和经济收益。但是它也将允许新南威尔士州将水从墨累河上的水库改道送到马兰比吉河上的水库，在那里，它将被辽阔的马兰比吉河灌溉区域利用和吸收（水的改变方向可能远离休姆大坝，同样威胁着维多利亚的利益）。

为了避免南澳大利亚的强烈反对，罗伯特·孟席斯总理奋力争取快速完成新南威尔士与维多利亚及其本身的谈判，所以必要的法规将被三个议会快速通过。一旦通过，南澳大利亚要阻挡这个计划将更困难。然而，通过基于道格拉斯·孟席斯州长的堂兄弟提供的法律意见，这个策略落空了，它怀疑提议的联邦立法的法治根基是澳大利亚宪法及其辩护能力。

最后，三个州都从商谈的妥协中招至损失。但改进了吉黑水库与蒂默特水库间的工程链接方案，所以，墨累河水不能被转移到北方汇入马兰比吉河。转移到墨累河上的水库的雪山河水现在被包括在干旱时期州际分配的水中，这增加了南澳大利亚在这个时期的水分享，使得服从于定义的自动起动条件（宣告进入干旱状态）更便于州间的谈判（在结果通过之前，新南威尔士和维多利亚提议干旱条件的宣布，应服从四个中的三个：如果站在两个上游州这边，那么就能使南澳大利亚孤立）。为了平衡这些收获，尽管南澳大利亚同意上游州能提供给他们的任何一个支流的水支配权，包括达令河，但补偿给南澳大利亚的蒸发水量的分配部分也没有以前那样慷慨了。

乔伊拉大坝

在20世纪60年代，面对新南威尔士和维多利亚两州持续的灌溉扩张的威胁，南澳大利亚开始计划在乔伊拉（刚好在墨累河流域东部边界内）并临近墨累河建造一个重要的水库。在存在许多争论的时候，南澳大利亚州长斯蒂莱·豪尔随后评论道，“乔伊拉水库的建设是南澳大利亚的一个追求目标”，通过这个计划的早期阶段，中心人物还是托马斯·普雷福特。依照历史上南澳大利亚水管理的正式程序，在解决了关于雪山计划的争论后，他立即开始为南澳大利亚赢得的多余的水并使其将不会流入到大海而努力。[44]在他看来，明显的解决办法就是在州边界内利用水库库容储蓄大部分的墨累河水。

“乔伊拉计划”在1960年3月宣布，它将比休姆大坝更大，最初，普雷福特希望它成为南澳大利亚的工程，由南澳和在墨累河委员会范围之外的以及上游的州负担经费。然而，依照墨累河水协议，对于新南威尔士和维多利亚来说，有这样的一个并由墨累河委员会管理的现有系统的蓄水水库，操作上存在着利益，所以他们反对南澳大利亚所提议的独自进行。代表重复利用南澳大利亚关于雪山计划的早期论点之一，即由罗纳德·易斯特阁下，也是墨累河委员会下属的维多利亚州的委员及州河流和供水系统委员会主席，他向他的大臣们解释，联邦资助乔伊拉的建设将包括利用的税金，这些税收部分是从维多利亚州（为了不使本州利益受损）征收的。当然也存在土地将被水淹的问题，虽然（水库）大坝在南澳大利亚的境内，在它下游将淹没维多利亚州427平方公里、新南威尔士州505平方公里，而南澳大利亚仅仅117平方公里。假定考虑联邦政府的压力，南澳大利亚州政府最后同意乔伊拉（工程）应是墨累河委员会管辖的蓄水水库，应由联邦政府同三个州商议，根据三个州间分享的好处并投资建设。

然而，在1966年召集投标建设乔伊拉大坝时，发现成本已经升高到6 800万澳元，比先前估计的2 800万澳元多出很多。对于盐度的关注也开始出现。乔伊拉将是一个非常大且浅的平原水库。当水库充满水的时候，估计潜在蒸发每年达到11 000亿升，在严重干旱时，1967年以后估计会以50%的速度增长。尤其是如果使水保持在低水位相当长的一段时间，这将迅速加强大坝的析盐度。另外，一些人非常关心水库中的水压力将提高周围地区的地下水水位，因此，使先前存在于下层土中的大量盐分流失。这将大大破坏南澳大利亚河岸周围的城镇如伦马克、柏里亚和罗克斯顿的园艺工程（由于土壤盐渍化，可能腐蚀建筑物）。

从工程学角度来看，这些考虑加强了关于将乔伊拉并入墨累河委员会网络的争论。那将允许它（乔伊拉水坝）建设并被利用，水库将成为储存来自休姆大坝的冬春季节放出的短期的水量，在接下来的夏天用来提供给南澳大利亚的城镇和灌溉者，这样避免了高蒸发损失；如果水库中水被储存很多年（多年调节）的话，蒸发损失就会很大。相反，为了建设这样大的一个大坝，以乔伊拉泛滥平原即墨累河流域最好的地点，作为抗御南澳大利亚（干旱）的最佳地点。那么，这个问题将焦点移动到休姆大坝的蜜塔，蜜塔河上游的地点，被称为达特茅斯，它无疑更适合建设一个深的水库。它也将受更少的蒸发支配，并在防御新南威尔士、维多利亚和南澳大利亚干旱时分流，供应额外的水量加以保护。

再来看达特茅斯，南澳大利亚不得不接受，他们珍贵的计划被设计出来用于解除其他州的幻想和（对他们的）限制，由于他们的位置（在水库的末端）的影响，将被排除并脱离他们的自然控制。另外，它（达特茅斯）在维多利亚州，比那些在河岸边的城镇优越，他将从大坝的建设工程中获得经济利益。南澳大利亚在失望和困惑的双重压力下，有来自于他们自己的墨累河委员哈罗德·比尼的决定，即从赞成工程和环境原因来说，达特茅斯在其上游，（在此建坝）是一个更好的选择。

最后，取代普雷福特的新州长斯蒂尔·霍尔，接受了工程学的建议，在得到南澳大利亚的权利增加的协议之后，也支持达特茅斯工程。这导致了众议院的发言人的辞职：他是伦马克组织的成员，由于一直为了保持均势，结果导致了直接的选举和政治混乱。他在辩论时一起带来并增加河流水文学的知识，关注有关水盐分和地下水影响和增长。自由党为选举改革而采取更强硬手段去保住职位，但有着的超凡魅力的领袖邓斯坦先生激发了该州工党的复兴。选举时，在乔伊拉引起争议并大量地争吵，导致自由党政府和工党的胜利者间的争论。* 斯蒂尔·霍尔然后回忆了“看见邓斯坦强迫签署被修正而未被改变的协议”非常甜蜜的经历，尽管邓在选举期间反对他的竞选活动。这增加了南澳大利亚的权利即每年 18 500 亿升的水量，而且造成达特默斯水坝并非是乔伊拉水坝的建设。从工程学、环境学和管理学角度来说，那是最好的决定。

盐度计划形成的争议

在 20 世纪 70 年代到 80 年代的整十年间，墨累-达令河流域的水管理目标和方法的设想很多，在提议乔伊拉水坝期间，对盐度问题的关注越来越被重视。在 50 年代和 60 年代中，南澳大利

* 普雷福特在退休后继续为在乔伊拉建坝游说，他描述：“决不能为了建坝而建坝，并给本州带来灾难。”

亚对墨累河下游的依赖实质上不断增加。[45]对于新出现的弱点问题的注意，即沿着墨累河低水位的阿德莱德河段，河流的高盐度产生了严重的影响，在1967—1968年的严重干旱期间，影响逐渐加强。

从远景看，21世纪初期，墨累河或许在60年代仍然处在一种比较健康的环境中，不管大规模的开发还是各种不同的其他损坏性实践。1970年时达特茅斯水坝还没有建成，用于灌溉的水转移大概只有今天的一半。[46]结果，有更多的水流没有被利用也没有储存，而且与现在的情形相比，水流的季节性变化更接近于以前的条件。由于水库中蓄水减少，使本地鱼类饲养中断，从大坝底层释放的冷水减少并引起热污染效应。与此同时，被引入的有害物种如欧洲的鲤鱼，刚好在墨累-达令河中获得自由，但没有重要的影响力。进一步说，土地清扫的盐分冲入到排水中，与今天相比虽然非常少。但那时制造的盐分引起很大的争议，并且盐分水平是很易变的，并定期地造成短期的不良影响，这对于农业来说是非常引人注目的和毁灭性的。然而，假定所有的这些考虑，也许不令人惊讶，但直到60年代后期，盐分管理才变成一个严重的争议问题。

直到1982年，墨累河水协议才赋予墨累河委员会权力，去管理与盐分相关的有关争议问题，但是，对于协议要求的保护墨累河和采取调节的行动，以保证提供沿岸人们生活所需的可饮用水的连续供应，从那时到现在，水库主要是在20年代和30年代建设的。扩大了维多利亚湖，而且改变了休姆湖的结构功能。在1927年和1936年分别完成之前，即使在夏季时，墨累河水量也没比一连串的池塘多很多。这是很罕见的，但是在它（河湖工程）的功能。转变为以灌溉为主后，自然发生的变化已经更加频繁，在不久之后的世纪之交时，也是如此。

“乔伊拉危机”和1967—1968年干旱的一个重要的结果是：要为墨累河委员会顾问古特里奇、哈斯金斯和戴维准备报告。[47]

1970 年提交了一项“有关盐分相关争议的三年研究”报告，它是包含灌溉和排水等包罗万象的有关争议问题的调查报告，也是第一次严肃的尝试。在被估定的选项之中，主要的方案是通过一个从靠近尤斯顿的爱德华河上引含盐度的水的渠道，从上游输送到那些由于地下水含盐而受严重影响的区域。高质量的水被平行传送到墨累河所有的主要灌溉区域的下游地带，包括阿德莱德及其社区以及南澳大利亚的其他地方。河流本身会被当做一个排水沟，从灌溉和地下水系统排出废弃的咸水，作为维多利亚和南澳大利亚小桉树（成长）的基础用水。这个方案会提供高质量水给生产和人类的消费，除了大量的环境需水外，也包括对通向墨累河口的沿岸水环境有好处。它与有些发生在河的中部和下游段的盐度增加的潜在原因无关。

在 70 年代早期之前，河的盐分问题已经变成南澳大利亚交互司法中，关于墨累河操作管理团队的一个主要政治上的争议，也是校订协议并考虑盐分问题一系列的争议的第一次尝试，其争议变化最多的是在 80 年代中期。由南澳大利亚的工党州长邓斯坦和新的工党州长高夫·惠特拉姆发动，1973 年 3 月任命工作小组。它的摘要说明要在墨累河盐分问题的解决办法（短期和长期）上做文章。在同年 11 月，对河流管理方面，即对墨累河沿岸动植物和岸边及毗邻的土地的影响，考虑增加受权调查范围的标志，关于环境问题，官方重视到泛滥平原及主流通道是更大的环境体系的主要部分，应增加对这个问题的敏感度。最后的报告在 1975 年 10 月递送给筹划指导委员会部长，当然这是在打倒惠特拉姆中央政府的政治危机时，而且不是一个报告的好时机。然而，它突出了一些会在即将到来的年份中，政府工作的一些很重要的主题。报告介绍了水质量的维护成为墨累河委员会关于盐度定义及其成为污染或富营养等潜在问题的主要的全面的目标。也提议“标准”一旦对于墨累河的每个范围可行，将反映经济、环境及社会成本和收益平衡的可接受性，应被详细说明。[48]每个州已在进行的解决盐度问题的总结应包含在工作小组报告的一部分。80年代后期，维多利亚的服从预示了有关《盐分和排水策略》会有更系统的发展。[49]作为4 000万澳元计划的一部分，它提议通过转移巴尔克瑞克的高盐度水到蒸发水池体系中，弥补对墨累河从希尔伯顿排水的影响。[50]值得引起关注的是：维多利亚策略表明，到70年代中期，至少在本州内，不再接受将墨累河视为排水沟；负面影响不得不被在别处得到改善和弥补（计划的主要部分是通过矿物储藏水量作为蓄水池计划，后来由于社会反对建设蒸发水池计划流产了）。虽然从长远观点来看是有影响的，但是墨累河工作小组的报告并没有超越委员会协议进一步研究的直接结果。1979年，墨累河流域盐度和排水报告的发布，[51]使墨累河委员会的作用更活跃。由顾问莫塞和合伙人及委员会成员，即被优雅地称为“绅士”们共同准备的报告，介绍了机器制造厂生产截取含盐的排水和地下水流设备情况，排水系统方案减少了水浸透和高水位面，并对农场的测量来改善灌溉习惯和改变管制墨累河流动方式等行动增加研究支持。

在墨累河工作小组报告期间，维多利亚州表明它对解决盐度问题的州际合作感兴趣，但新南威尔士州表现勉强。它的代表强调，他们的州没有引起下游或跨河的盐分问题。甚至，一些人争论在靠近新南威尔士的莫里克里夫斯，进入河流的含盐的水流是维多利亚灌溉发展的结果，（含盐水）通过墨累河主河道下的地下水系统黏结、推动盐水流动达到北方，在那里它被密封的岩石障碍而被迫向上游流动。

80年代的制度创新

迫切要求制度上的改变是澳大利亚政府继续关注盐分问题的首要方面。在80年代早期，由于缺乏改进而导致失败，它派遣谈判代表反对新南威尔士法院提议的新灌溉发展法案，而南澳大利亚政府拥有的关于下游维多利亚湖受到的盐分影响的构成的理由，引起新南威尔士州内部的争论。[52]在新南威尔士法院排斥南澳大利亚政府包括立法改善的讽刺事件之后，新南威尔士州部长的态度的改变也减轻了这方面的影响。在 1982 年，新南威尔士州最后同意对墨累河水协议的修正。这虽然在名义上很公正，但给出了原则，包括墨累河委员会管理盐分影响的作用等内容。实际上，改变虽然只是很小的，但使得问题继续恶化。墨累河委员会可利用的管理选择权仍然被限制。说到在 1984 年后期在汗库班组织了工作小组，丹·布莱克墨尔当时是墨累河委员会州长代表，能够确定和影响着墨累河盐分水平的 14 个因素。这些委员会只控制着一个目标即稀释水流（以此方法降低水中盐分）。[53]

相邻的州之间的合作是通过澳大利亚地质勘测组织，才使得后来的澳大利亚地球科学组织的一系列的重点调查的早期结果变得更加清晰。在 1986 年和即将到来的这年年末，在一些方法指导下，这些计划得到显示，墨累-达令河的河流排水覆盖面包含靠近盆地的平原之内的许多地方，地下水系统在南澳大利亚的墨累河口有单一的出口。这些地下水系统中的一部分是高盐分的，尤其是在西部。研究也表明这些盆地迅速被充满并对墨累-达令河的地质系统有基本的影响。其实，在墨累-达令河北部下面的地下水系统很容易被充满，但很难排空。[54]

20 世纪 70 和 80 年代，随着对墨累-达令河盐分问题的理解的增加，越来越多的研究和努力也得到的很多经验。新知识对制定出于权宜之计和综合管理水库的方法发挥了作用；尤其对于流域生物物理的整体考虑和需要的社会参与以及对授权的认知的联合考虑。以 70 到 80 年代维多利亚州北方灌溉为开始的墨累-达令河的水争议，其社会作用已有一个很长的历史，如对灌溉发展的需求以及在 1914—1915 年引发导致墨累河水协议的一连串事情（如 1902 年的科罗瓦会议）等。当他们认为关键的价值观或利益被威胁的时候，从尝试建立墨累-达令河团体的相互司法制度一开始，就表明他们有能力阻挡政府的主要项目。在 80 年代早期，为了应对和响应这样的冲突，水库综合管理的提倡者赞成新的、交互的司法制度安排，那会使政府机关和地方的社区更容易一起工作，解决面对争议引起的区域环境的衰微。

在 1982 年，桑福德·克拉克在评估墨累河水协议应付水管理代理要求扩展定义的能力问题时，说明了新南威尔士州对协议的阅读和理解很有限的，之后，他评论道：

> 在如此的一个协议解释上，不意味着能解决支流引起的问题；包括由邻近的土地使用引起的问题；土壤侵蚀、水管理和水保护的问题；水质量及从农业或其他来源的污染问题；动物和植物的需要问题；可能的娱乐、工业或城市用水问题；特别提议的环境及审美结果等。根据现在水管理的原则，协议不够完善，因为它不能承认水文学系统的互相依赖以及邻近的土地使用的数量和质量的依赖关系等，也包括多样而客观的计划和结构操作的原则等。[55]

克拉克的估价既是对现有惯例的批评，也是开始改变水管理的新观点的陈述。到 80 年代早期，墨累-达令河流域的交互司法对水管理在感觉上的脱节，还算是普遍的，尤其在维多利亚和南澳大利亚两州。在 1902 年科罗瓦会议和早期的皇家专门调查委员会上，强调集水区域要扩大到接近于政策和确保公平且有效发展的管理需要。但是，在 80 年代早期，墨累-达令河流域南部仍由三个主要自治区域管理。这些安排的不充分，已经使墨累-达令河流域的水管理问题变得越来越清晰，（人为）被迫加宽集水区域，从数量观点来看，使水管理的焦点问题变得更多甚至多样，最终是使其水管理的质量受到了威胁。

第四章　五星连珠　合作双赢*

突显出国际性的一致意见即在实现可持续的环境管理目标时，必要的、综合的集水设施管理是完成它的最好方式，并被反映在制度改变中。这在20世纪80年代中期到末期，已被引进墨累-达令河流域。然而，真正要给出“综合集水管理”这个短语的意义是很困难的。作为一种环境管理方法，伴随着较大的变化幅度，综合的集水设施管理在世界范围内被引进是一个进步，尽管在很大程度上具有暂时性。[1] 有许多关于一般原则性的陈述，但是很少有这样的例子，即对超出宽广范围问题的综合管理的承诺和社会以某种方式的参与。遍及澳大利亚的综合的集水设施管理，最近提出了一个有用的货物分类名称法，该货物分类名称能表现成熟的综合的集水设施管理系统的特色。创造者坦言说，它是灵活的而且适合管理地区的可变性和多样性。在这样一个系统之内，社会（发展目标）将彻底地涉及并且有意识扩大到更广阔的地区，并自行确立他们的地点和侧重点。它也有立法和规章制度的支持，并得以授权和提供援助，而不是支配和不必要地约束。这个计划将被很好地谋划并且使权力转移到适当的水平，对于社会参与的广泛选择是可利用的，社会参与并鼓励去提供行使审判和判断力的机会。首先，他们要坦诚，有关的人们和团体将

* “五星连珠”是指用以表示水、金、火、木、土五行星同时出现在天空同一方的现象，也就是五星处在同一条直线上。这是罕见的天文现象，此处表示各部门在流域水管理方面要加强合作，都能带来双赢的利益，但这是很难的。需要制度创新来解决。

被鼓励在相互的、积极合作的关系中。[2]

综合的集水设施管理风格的思维理念，其影响不断增加并被反映在为部长会议准备的意见书中，该部长会议来自墨累-达令河流域南部的三个权限机关及联邦政府，于 1985 年 11 月在南澳首府阿德莱德市举行，它的目的是讨论关于墨累河和它的集水区域的环境状况。这是墨累-达令河流域部长委员会的第一次会议。最初的文件显然是不再可利用的，但是政治学者安斯利·凯龙在不久之后作了概要，他的内容是：

- 对于流域的管理职责来讲，没有单一的代理处；
- 墨累河委员会仅仅被授权去提出建议；
- 墨累河水协议的全体规定用于阻止墨累河委员会提出建议；
- 墨累河委员会限制了影响土地使用管理的机会并且对墨累河支流只有间接影响；
- 在土地管理的问题上，没有有效的制度安排致使有效的政府间的协调；
- 在一个州之内并没有单一的代理处，对于在该州之内的流域的那部分的管理有责任；
- 为调整土地和水管理，政府机构之间的制度通常是不充分的；
- 制度上的复杂性，抑制了水和土地使用计划及其综合管理的实施。[3]

如果在那个列表（指区域集水管理的改革文件中）的词语如“墨累-达令河部长委员会委任”将被“墨累河委任”代替，这归因于 20 世纪 80 年代中期，墨累-达令河流域情况的特征在二十年之后仍然广泛适用于今天（也许最重大的发展是州政府不得不在某种程度上重新组合有关处理可持续性和生产产品问题的部门）。对 1985 年的事态有一个描述，这是对作为一个独立的单位（指墨累河委员会），能够管理墨累-达令河流域的强大组织的需要，作为仅仅是反对政策的制定，该组织将会产生并使用大部分的决策，* 该描述暗示（上述独立单位）要对集水区域及支流的政府间的合作有直接责任。讨论的文件为制度改革提出了三个选择。一个是对于有综合权力的权威来说，最强烈的反应就是被拒绝或被说成是“不切实际的”；另外，基于政府间书信往来的理解，就是由于其内容不痛不痒而被丢弃。相反，部长们采取中间的道路并且同意采用“一个系统方法”，该系统方法将需要政府对全面计划应达成协议，即在他们自己的权限内，各负其责。[4]

关于新制度上的安排，作为墨累-达令河流域的新法案笨拙地出台，与修订过的墨累-达令河流域协议合成一体，虽然不是全部效忠于签名人，修订过的墨累-达令河流域协议是第一次包括昆士兰州和澳大利亚首都领地。（协议）框架的关键部分是由20世纪80年代中期的争论产生的，并且一直保存在20年以后，该框架的关键部分是由墨累-达令河流域部长委员会及其下设的社会顾问委员会商讨决定。部长委员会有两个或三个来自各自政府的部长。社会顾问委员会由来自主要地区和组织选举的代表组成，主要的组织如澳大利亚保护基金会、墨累-达令河协会和国家农民同盟等。委任事项有两个来自各自权限的代表，通常是受部长委员会的部长们控制的、来自代理处的首席执行者，所有这三个团体都由委员会协调。它讨论通过继承并接受墨累河委员会的职员名单，并且在整个20世纪90年代扩展了以适应增长而出现的问题清单，这些问题主要来自于流域范围内的管理问题。

大部分改革是观念改变的产物，这些观念是关于如何组织和运行公共机构。有一种广泛的感觉，那就是决策不再是一些小群体的工程师，因为这些人的主要事业在于解决水资源的基础建设。在新的制度安排下，墨累-达令河流域的河流系统会被运用

---

* 作为反对意见被采纳，需要全体一致的决定。毫无异议，这种决定当然也是大多数的决定，但是，正如在这里所使用的“大多数的决定”，它意味着多于半数，少于全部。

去提高生物多样性以及生产可持续性。州和联邦政府派遣了几组部长和高级公共服务人员，这些高级服务人员从为解决生产和环境问题到经常性冲突责任的代理处得到锻炼。这使得环境和农业连同水管理一起开始了制度的交叠（尽管其他潜在的竞争对象例如旅游、娱乐、土著的事务不在此列）。期望每个权限内的不同的观点在整个政府层面反复讨论，再到部长委员会会议讨论通过。这些改变在新立法中合成一体，并且作为在 1992—1993 年墨累-达令河流域的每个州立法会，都以同样的法案通过。[5]革新并修订后的框架的基本原理在协议的首要部分中得到阐述，其内容如：

> 这个协议的目的是促进和调整有效的计划和管理墨累-达令河流域的水，以保证土地和其他环境资源公平地、有效率地和可持续的使用。[6]

尽管如此，包含了诸多行为的新协议实际上是顾问性质的和自由决定的，并且在以任何重要的方式实现它们之前，需要所有有关的政府和代理机构的热心合作，并以独特的方式应用于墨累河之外的行动。另外，长期确定的全体一致性原则仍然应用于所有决策过程，包括给任何权限的否决权利，该权限需要一个排除在议程外或是对已做决定不满意的条款。尽管有这些限制，墨累-达令河流域新方案仍成了早些年的相当大的工作热情和成就的标志。

在很重要程度上来说，20 世纪 80 年代的改革可能由“星球结盟”完成，* 伴随着全国所有州的执政的工党政府。但有可能是对于一个需要加强的司法权之间的系统性而增长的，也将迫使

* 高夫・惠特拉姆，1972—1975 年任之澳大利亚总理，显然第一次使用这个短语，在他执政的后期，那时将注意力放在墨累-达令河流域制度改革的可能性上，改革由三个南方的墨累-达令河流域的州和联邦的工党政府创造：见 Kellow，A，1995，“墨累-达令河流域”，第 225 页。

一些制度上的改革，而不管当权政府的政治局面如何。对于新途径，普遍的渴望反映在来自于社会团体、工业团体和有关个人服从的报告中，且被提交给 1985 年 11 月在阿德莱德召开的部长委员会第一次会议。[7]

在墨累-达令河流域南部和中部的所有承担司法责任的执政政府是工党，然而，这种一致性同意原则的确影响了变化的本质。* 工党吸引了大部分来自墨累-达令河流域之外的城市选举人的支持，所以它的政府，不论在州或国家的级别上，都可以带着更多的弹性行动并且对于强大的利益做较少的让步。工党经常趋向于支持政府改革的角色，尤其当变化加强了他们的角色时。[8] 政党的社会哲学与专业的研究团体的联合之后，会使它更加赞同那些在综合集水管理上的想法，这是可能的。左派政党已经准备就绪去迎接未来的产权问题上的“冲突”，产权明晰是为了管理集水而去实现更好的环境成果所需要的，而拥有更好的准备是（左派政党）赞同改革的另一个因素。另外，更多更直接的政治参与，是通过一个政府间的部长委员会的建议，这是劳动党解决广泛问题的典型方法。这些正如由后来有更多野心的澳大利亚政府委员会在 1992 年的建议所证实。[9]

自然资源管理策略

在墨累-达令河流域部长委员会形成之后不久，它做出了一系列研究并提供了新的知识内容和草案以及一个新的执行方法，该执行方法支持了司法之间活动的实质开展。作为墨累-达令河流域环境资源研究，该计划总结了现有的信息，确认了知识缺口，需要特殊保护的环境资源的备有证明文件的特定区域，被推荐的用来保护这些资源的活动以及被提名的更进一步的调查研

* 昆士兰州没有被包括。

究。它也详细了流域范围内监测计划所需要求，数据资料的缺乏对于有效的政策和管理是一个“主要的约束”。在记录了“有着强大的社会参与的综合集水管理需成为一个基础策略”之后，该研究提出了全面的行动计划，去处理有关农业土地资源、气候变化、植被、地下水、植物群和动物群、水和河流环境、水质、水配置、水使用效率、河流地区的文化遗产、旅游和娱乐的问题。[10]

资源研究是自然资源管理策略的先驱，自然资源管理策略在1990年8月被部长委员会采用。自然资源管理战略包括是：

- 防止进一步的退化；
- 恢复已退化的资源；
- 发扬可持续使用者的实践经验；
- 保证适当的资源使用计划和管理；
- 为流域保证有一个长期可行的经济预期提供依靠；
- 使资源使用的不利影响最小化；
- 保证社会和政府合作；
- 保证本地人口的自我维持；
- 保护文化遗产；
- 保存娱乐的价值。[11]

自然资源管理战略承认在它的计划之下，“流域资源的复原和改良的管理不会发生在前一夜”（意味着在策略之下开展行动将最终完成那个目标）。[12]部长委员会解释了有关问题而不是对于每个资源问题的解决办法，策略提供了一个在这些问题之内的构架。在它的支持之下，部长委员会在一年后也批准了水质政策，水质政策陈述如下：

哪里必需，它将要维持和改善哪里（指墨累-达令河流域）的河水水质，为所有有益的农业的、环境的、城市的、工业的和娱乐的提供使用。在那些例如盐分和富营养等问题，在已被验证是导致问题出现的因素情况下，政策就是要趋向去改善现有水质。在其他那些参量受认知限制的情况下，委员会的政策是努力确保现有水质不恶化。[13]

自然资源管理战略和水质策略都明确地声明了他们的目的是阻止进一步的恶化。但是在过去需要去完成那个目标的执行计划从未准备好。这就提出了问题，过去和现在这些声明的任务是什么？水质政策是在自然资源管理战略框架之内发展的许多政策的典型。自然资源管理战略简述了墨累-达令河流域问题的普遍观点，并且为许多特殊的和一般的计划提供了一个非常重要的理由。尽管在策略的预备工作中有些强烈的声明是非常需要的，包括行动计划的发展中没有发生的事情，该行动计划注意到了如何鉴别出现的难题、程度和尺度、相匹配的级别等普遍反应。在之后几年里，尽管付出巨大的努力去克服这个缺口，但是，试图为所关注的问题的范围去设计中间水平的计划总是不断的失败。[14]相反，结果是一个特别的项目清单被用一种一般的方式模糊地定义了“提高可持续性”。对于计划中已宣布的所有任务，从那时到现在，在墨累-达令河流域已经避开了司法之间的决策。

在新制度安排下一个确实导致了突出的问题出现即盐分管理，尤其是有关于灌溉导致土地中的盐度问题的直接表现。有时它被视为是引起土地退化的原因，有时对关注的河流中水质有负面影响。尽管两种形式都被连接在一起并且需要共同处理，在墨累-达令河流域，直到最近它们还在很大程度上认为是独立的问题。在早些年间，当墨累-达令河流域委员会最初开始处理该问题时，焦点几乎只放在河流内盐度上。在 1988 年才被第一次增加到新的墨累-达令河流域协议的进度表中，即盐度和排水策略，该策略在维多利亚、南澳大利亚和新南威尔士州已经独立发展并已超过了十年。[15]在维多利亚，关于希尔帕顿周围主要灌溉区盐度和水浸的威胁长期存在并得到关注。[16]在州之内找到解决办法已变得很困难，作为不断增加的建筑物导致公共流域的水蒸发（增加）的一个反对的结果，要求建筑物要考虑解决盐分或排水问题（现在有来自南澳大利亚的反对意见要求阻止直接向墨累河排水）。在 20 世纪 80 年代早期，维多利亚州中北部成功举行的反对矿物储备的流域计划的社会活动，突出了有关的政治上的敏感性。

处于下游地区的南澳大利亚州已经发展了盐度围堵的政策计划*，自从 20 世纪 60 年代末，那时作为 1967—1968 年度干旱的盐度影响的结果，已经发生了对果树和花园的很大损害。作为调查的一部分，它已经鉴别出墨累河的许多河段有充实的盐分，并通过地下水输入河流，尤其在怀卡里尔附近的乌尔潘德河段。但是它证实对所需的拦截计划和控制流域蒸发（改进工程）进行投资是困难的。相反，与维多利亚州和南澳大利亚州相比，具有代表性的新南威尔士州对新州际盐分缓解计划的一部分就不太热心，还将盐分问题当作只是其他州的难题，并且认为不必怀疑新南威尔士对土地管理实践所作的贡献。

排盐战略计划得到了计算机技术的支持，计算机技术在 20 世纪 70 年代成为可利用的工具，并且使计划者去比较（成本与利益）可供选择的建议的方法变得更为简单。若各州之间谈判在进行中，（有计算机协助）有关主要大纲的协议策略很快就能达成，还有许多对于减少水库蒸发变化的管理上。河流盐分管理的新的策略允许一些额外的盐分排泄物，流入上游集水区域的河里。作为报答，参与投资的那些州和联邦管辖区域，在河的中游和下游的水拦截会使得在那里得到减少盐分的最大的好处。随着时间的推移，这些目的主要是为引起墨累河中净平均盐分水平的重大下降，并像在南澳大利亚的摩根测量的一样，处理流动的水以弥补不足，但是盐分水平周期性地严重超标，还是带来了墨累

* 下文提到的盐度围堵计划、拦截计划、排盐战略计划、排盐策略等，都是指不断完善的国家《排盐战略》。其做法是在不同河段或区域采用拦、堵、排等工程措施。

河下游相当大的损害。[17]

排盐战略的一个重要部分是由墨累-达令河流域委员会保存下来的记录，它记录了新的灌溉发展的盐分的负面影响和补偿补救计划的正面影响。测量盐分正、负影响的因素是电传导率单位(EC)，即用一种测量水中电传导率的方法用来显示盐的容量。为了盐度和排出物记录，关键的测量法是（水中）电传导率减少或增加，（委员们）在摩根讨论了导致电传导率增减的原因。排盐战略的10年目标是使在摩根产生80EC的盐分平均下降，并且至少在95%的时间内产生少于800EC的盐分。然而一些策略计划者意识到这不是从根本上解决问题，他们只是延长时间来抵抗增加的长期趋势，该趋势在很大程度上受到更加广泛的集水区域的陆地盐分的驱使。

对于新南威尔士州来讲，排盐战略的细节是至关重要的。一个问题就是确定开始的日期，即它必须在承担补救行动去抗衡任何灌溉发展带来的盐分影响之后。在20世纪早期灌溉发展之前，南澳大利亚州就开始注意了在计划之内的影响责任。这使上游的州在超过先前的60或70年间，对灌溉发展带来的相当大的盐分影响负有责任，并且充分地增加了他们对于补救工作的期望和贡献的范围。

作为对新南威尔士坚持将1988年1月1日作为水准基点的答复，它（南澳）也否决了使用灌溉活动水平作为起始点的建议，在该起始点后，所有未来的发展将被支持并赋予责任，即需要补偿性的工作去平衡盐分影响。相反，新南威尔士强调任何未来都基于现有水权使用的发展，即使权利使用还没有被激活，也应当被排除于责任程序之外。三个州都有一些从未用过的权利，但是很少有总体的意识，尤其在新南威尔士州。后来在1995年水审计的管理估计原则上，平均配置可利用的水资源，即去分流未来5年的水量，即使达到1992—1993年度的169 020亿升，也只有63%被利用。实际上这是远远多于可用的并且显示出即使没有新的权利的准予，这也有相当大的容量去扩张。[18]

各州之间潜在的不同意见在于他们计划的灌溉发展的方式不同。维多利亚和南澳大利亚的政策赞成园艺、葡萄栽培和奶牛饲养场，这些活动由于水的供应中断而花费几年时间才得以恢复。因此，为了提供高度安全的需要，那些州的水配置的水平受到了限制。在新南威尔士则相反，重点在于一年生的农作物如水稻。不时地会受到一年内水的限制而招致麻烦，不是财政的灾难，因为，只要一降雨，生产就会得到新的开始并且雨水会流到改良的水库中。

在 20 世纪 80 年代期间，由于州之间水利用方式的不同而产生许多争论，其中一个是关于如何解决共同使用休姆和达特茅斯水库中水。有关政府间的权限的协议，详细说明了在每年进入水库的水在州之间的分配原则。新南威尔士州和维多利亚州过去和现在都需要去提供一个确定的量给南澳大利亚州。其余部分在他们之间公平地分配，且每一立方米水都被休姆大坝唯一地控制并供其下游支流使用。[19]经过整个灌溉季节，每个州自治地运用休姆和达特茅斯水库中水的份额，而不必与其他州磋商，都呼吁墨累-达令河流域委员会作让渡，考虑个人运行计划的需求以及响应他们的灌溉者的要求。

当灌溉需求在 20 世纪 80 年代扩张时，对于水共享的制度安排的压力增大了。争论的问题是在每年灌溉季节结束时，留在贮藏水库中的水第二年如何在新南威尔士和维多利亚两州之间分配？直到目前，在每年灌溉季节的开始，凡是留在水库中的水都被平均分配给两个地方。然而维多利亚州对以下说法提出反对，即（这种水分配）认为这是对它（维多利亚）的歧视，因为它为了保证适当的水供应，想要保存比新南威尔士更多的水为将来可能的短缺留作备用。在现有的分配制度安排下，维多利亚在既定年份下保有的水，不得不在下一年与新南威尔士分享。为了处理方法上的差别，维多利亚需要一个连续的会计系统，该系统允许过去积累的储量转到未来使用。新南威尔士则反对这种变化，因为与过去实际相比会减少它能分配的水量。作为回应维多利亚的威胁，即（维多利亚）要连接流入墨累河水系的维多利亚支流，该水系中有一个平行于维多利亚这边的墨累河的水道。最后，在取得一些让步之后，新南威尔士同意了维多利亚的要求。

水审计和取水上限

排盐策略的一个重要因素是同意控制新灌溉计划中盐分转移的影响。紧跟其后，人们认为通过执行排盐策略，盐分在未来增长的最高限额实际上也会受到限制。可以想象在排盐策略之下，如果他们导致额外的盐分排出，超出那些部分的盐分也会导致额外成本从而带来借贷的增加。然而，这可能导致现有的权利存在转移并进一步扩张，影响未来对水的潜能的利用。像在早些时候被解释那样，影响范围比大多数人们起初怀疑的要大得多。影响结果转移继续增长，引起了越来越多的关注，尤其在南澳大利亚州。

到 20 世纪 90 年代为止，墨累-达令河流域的河流环境仍然在恶化，这一点已很清楚。在 1991—1992 年夏天，达令河绵延1 000多公里的壮观的水藻爆发，带来的问题引起国际社会的关注。在 1993 年 6 月，名叫约翰·克隆德的部长委员会中的一位南澳大利亚成员，作了一个报告，题为“没有进一步的规则和转移的安排将加剧恶化流动的政体”，并且呼吁为（排盐战略）转移来增加现有（但以前未被激活的）权利，其潜在的利用结果要引起注意。[20]作为反应，该委员会在墨累-达令河流域出台了一个《水审计》，并在 1995 年 6 月实施并使用。[21]

水审计发现在 1994 年的发展水平下，来自墨累河口处的墨累-达令河流域的年流动平均值，只是在它们自然状态下的 21%（后来修订到 28%），并且经历干旱的墨累河下游的年百分比已从5%增至超过60%。此外，自从1988年，(盐分) 转移已增长8%，那时引进了排盐战略并且估计到其潜力，在未来能增加额外的15%。这种在现有权利低于未利用的潜能下，却使后面的数字超出了实际可用的。

根据水审计，可用水量是有限的，因为现有用来分配水的基础设施是不充分的（按自然的水流量），并且由于潜在活动的收益率的经济决策，导致水资源利用的真正的结束，而不是墨累-达令河流域的水管理系统问题。在大多数年头，在现有权利下被批准且可转移的水比可用的水多。[22]墨累-达令河流域水的分配已经向响应鼓励用水命令的方向发展，来证明政府在大坝和基础建设中的投资是正当的。除了在干旱时期，对水的控制甚至是监测、转移并不是放在优先高度的。结果在以前的50年里水转移已增至3倍，并且最小至中等的洪水进入水库，因此严重地弱化了泛滥平原和河道河床间的连接。季节性的流动模式已在墨累-达令河流域的许多部分被充分地改变，为了在夏天和初秋释放许多（上一年）晚冬或晚春流进水库的水，夏天和初秋以前是一年中流动水平最低的时期。两种改变都对河道及河漫滩的水质和生物多样性有重大的影响。

为响应《水审计》，“作为建立管理系统去实现健康的河流和可持续消费及使用的必要的第一步”，部长委员会为在1993—1994年的发展水平上进一步扩张，引进了一个直接的临时性的“协议的取水上限”，基于水审计在灌溉季节应用。[23]在1997年7月，该“协议的取水上限”成为永久的规定。它的规则是复杂的：

> 既定年份的“协议的取水上限”是依据已被使用的水量和1993—1994年已存在的基础设施（泵、水坝、为灌溉而发展的水渠、管理规则等），以及在一年中经历相似的气候和水文条件。[24]

换句话说，可利用的水量在不同的季节条件下，每年有所不同。“协议的取水上限”规则在实际中更加复杂，因为历史上长期以来记录的缺乏和有于1993—1994年流经墨累-达令河流域的水管理的文件的缺乏。[25]参与最初决策的三个州：新南威尔士、维多利亚和南澳大利亚，每个州都有不同的管理规则的存在，“协议的取水上限”方式被执行，跨过边界水管理就有相当大的改变。“协议的取水上限”不是故意去冻结灌溉活动的发展或像在1993—1994年间那样，但是更偏向于能够详细说明每年能被提取的总水量。目的是在环境需水和生产用水之间建立一个随着时间流逝也很稳定的划分，并保持所有其他（用水）事件都是公平的。带着这个限制，与那些水交易会导致重大的环境破坏的水使用约束相结合，使水交易形成重新分配水，并使其向着灌溉价值高而且环境更良好的地区流动的机制。

1995年“协议的取水上限”的引进是联邦政府、新南威尔士、维多利亚和南澳大利亚州政府无异议的共同决定（昆士兰同意该原则，但10年后仍然没有成为“协议的取水上限”程序的一部分）。尽管如此，“协议的取水上限”的执行过程被委员会（在一些人的观点中意味着委员会办公室）视为对不情愿政府的一种强迫接受，一种总是不气馁的印象在1998年的联邦选举活动期间创造了潜能，副总理蒂姆·费舍尔承诺去“击破‘协议的取水上限’”，尽管后来那个承诺没有任何动静。尤其在新南威尔士，作为保护供应安全的一种方式，“协议的取水上限”的好处很少被解释。

当执行“协议的取水上限”的译本（协议的解释版本）时，新南威尔士州用与1988年引进排盐策略时相同的方式对待未激活的权利。与来自许多岗位的建议相反，它决定再一次去承认仍然没被发展的现有的权利。这次使用的方法带来了严重的问题。1988年，可能由执行排盐策略带来的许多政治压力，靠允许（水权）转移避免连续扩张，（水权利的）转移依靠准许现有但未使用的权利的激活而实现。[26]然而，1995年在“协议的取水上限”

规则下，新南威尔士在总体上允许转移的水量被确定在“1993—1994年的发展水平”之下。结果总的资源消费保持大约相同，但现在不得不被一大群分水设施所分享，因为未使用的权利日益被交易和激活。在“协议的取水上限”制度安排下，新南威尔士政府水管理者知道一定比例的灌溉者不会使用他们全部的水，因此对于确定的灌溉者来说，通常重新分配剩余用水与作为他们权利的一部分而提供的水费是一样的低成本。现在确定的灌溉者失去了得到低成本水的机会。为维持他们先前水平的消费，他们不得不在水市场上以较高价格购买他们失去的部分。并不令人惊讶的是，他们中的许多人感觉到由于“协议的取水上限”的引进，他们的水配额被削减。这在新南威尔士对于新的系统产生了很大的敌意，并且大多数人对服从有抵触情绪，这可以从2000年关于“协议的取水上限”的五年回顾中看到。[27]在它最后的报告中回顾并评论了一些抱怨，这是不能被接受并成为建议的，该建议应当是由相关州政府（如新南威尔士）而不是墨累-达令河流域部长委员会或委任提议。报告表达了对于由混淆带来的潜能的关注，混淆包括“负面的反馈和公平以及对‘协议的取水上限’有不利的影响”。墨累-达令河流域的水管理框架做出微弱的调整后，依靠自愿才变得有效，而且出现问题可以争论，如新南威尔士通过减少它的可信性，来执行“协议的取水上限”的方法，严重破坏了它（指“上限”）未来的前景。

新南威尔士不是唯一一个在接受“协议的取水上限”时有困难的州。在它被部长委员会引进后不久，南澳大利亚的州长迪恩·布朗，就宣布对紧挨亚历山德里娜湖（他的选区内）的灌溉者进行大量的额外的配置，他的选区内是对“协议的取水上限”原则不顺从的地区。在墨累河口附近的下游发生的事情，没有影响上游的环境条件，但南澳大利亚，作为从执行“协议的取水上限”获利最多的州，如果它不那么做，很难让其他州去遵守。至少这是上游批评者普遍持有的观点。

“协议的取水上限”的五年回顾

由于部长委员会的“协议的取水上限”不是最终目标，而是达到新方案长期目标的第一步。[28]在2000年，考虑额外方法的需要之前，开始回顾作为初步行动的“协议的取水上限”的执行状况。在回顾《报告》中推断：

> 没有“协议的取水上限”将会有值得注目而不断增加的风险，这个风险使墨累-达令流域系统的河流环境退化会变得更糟。[29]

虽然有各种各样的好消息，但这意味着下降（河流环境质量）是连续的，并且保持反应当前提取水平的稳定的环境条件是摆脱困境的办法。最终达到稳定性的想法是基于乐观的假设，该假设是受当前的水平所约束的，会对经济发展产生压力。

“回顾”并不意味着是对“协议的取水上限”的愿望或其他方面的检验，而是其对运行方面的检验。为它（指回顾报告）的小心而细微差别的语言做了补助之后，河流委员会为部长委员会准备的报告提出了强烈的声明，即在“协议的取水上限”被充分执行之前，各州要做更多的工作。此外，四个伙伴的报纸显示了在“协议的取水上限”基于其上的假设中有显著的不充分之处，“假设”折中了它的能力，即使像最初提议的那样，若去充分执行，能够为灌溉者主动去保护环境提供安全保证。

“五年回顾”的一些最重要部分依附四个伙伴（如相关报纸）去执行和宣传，主要的资料来源由独立审计组提供。这两方的团队作为“协议的取水上限”的审计师之外的人员并积极工作。自从它在1995年被引进开始，每年作出各州的附属报告并且在较高的位置上去理解它的实力和弱点。独立审计组对“协议的取水上限”列出了与人们高度渴望一样的五个“改善”，即：

- 在地表水综合管理基础之上，用“协议的取水上限”的理念管理地下水；

- 贯穿整个流域的附属工具（用来决定“协议的取水上限”目标专一的计算机仿真模型）的完善；
- 为了测量、监测和报告数据的管理，对每个质量管理系统的权限有适当的介绍；
- 在流域和权限之间和之内的较少限制性的贸易规则的发展；
- “协议的取水上限”定义的发展。[30]

自从2000年“五年回顾”开始，每个独立审计组的年度报告，都为各州解决突出的五个问题所作的努力进行评论，但全部的进程是不乐观的。

管理地下水应当在综合的基础上连带着地表水，这个建议符合世界范围内最好的实践。在许多地方如美国的亚利桑那州和加利福尼亚州，实际上地下水系统是地表水的贮藏库。[31]在一般情况下，它（地下水）也有避免相当大的蒸发损失的有利条件。然而，因为每个集水区域之间的变化以及给定集水区域的不同部分之间的关系，地表和地下水的综合管理并不简单。它们相互交换的比率依赖于围绕地表水体周围的地形中的地下水水平、土壤多孔渗水、无孔的性质和许多其他因素。这也说明了关于管理两个水文周期的明显问题的争论，在原则上是压倒性的，并且实际上那样做如果失败了的话，会使独立一方管理的努力大打折扣。[32]

这是一个变化的过程，即在给定地形上的地表水和地下水相互交换最多的集水区，作为正常的水文周期的一部分，水从降雨和地表水体渗漏到地下水层。同样地，流动和非流动的地表水体从通过河流和湖泊的沿岸、河床的地下水渗流中得到许多补充水量。抽取附近的地下水引起地表水位下降，对于多孔渗水的土壤中的地表水体尤其如此。有充分的证据，表明在许多地表水可用性已经下降的地区，也是由于制度上强加的约束或者通过降低可用性作为减少河流流动的结果，墨累-达令河流域的分流系统就是靠增加他们抽取地下水的比率来补偿。[33]

2003—2004年灌溉季节的独立审计组报告，在2005年3月公布的"协议的取水上限"建立之后的10年和对其回顾之后的5年报告，声明了所需的22个"附属工具"中的前两个已被批准（在南澳大利亚拉克伦河流域）。从5年回顾开始，每个独立审计组年度报告都强调关于这个建议的行动的重要性。2003—2004的报告，记录了在早些年的报告中，独立审计组的报告强调不同的权限下应当认可他们努力去提交自己的模式，并且到2004年6月为止，预计要有50%被授权作为带着附加条件顺从于墨累-达令河流域协议，到2005年6月为止有100%被授权。不幸地，在2005年3月，它（指独立审计组）能报告的最好的也仅仅是"为提高审计水平的多种模式"。[34]早些年的独立审计组报告相当辛辣地评价说："因为协议的取水上限依从被模式化的目标，因此相反的比较转移模式的决定，被独立地检验和授权是必要的"。[35]

然而，关于拉克伦河模式，独立审计组所作的2003—2004年度报告中的评论，对被授权的模式产生疑问：

> 提出了关于在这段冗长的干旱时期是否改变操作行为问题的文字，该问题应当被包含在"协议的取水上限"模式中。[36]

该问题指出模式应当包含关于灌溉者行为的假设。为否定这个问题所作的答复和可以提供的理由是不清楚的，但是它被提出而带来的微妙变化表明了在权威方面相当缺乏。权威，在精力充沛的审核过程中被期待着。

在2003—2004年度，独立审计组的报告表示了对于新南威尔士州的延迟动作的关注，在发展它的模式中评论道：它定案的能力受到资源短缺的限制。它建议墨累-达令河流域本身帮助解决困难是因为"当前的进程正在减少横跨流域执行'协议的取水上限'的可信性"。[37]地方政府给予墨累-达令河流域的援助建设并带来了棘手的问题。这样的援助是指墨累-达令河流域内最富有的州，接受了来自经济状况不太好的州的帮助。提供援助的州目的，大概是为了使他们自己的资源责任区域内正在承担的任务得以提前几年顺利完成，而这些都给予了新南威尔士州更多的资源（新南威尔士州在达令河上游，具有控制水流的天然优先条件）优势。

关于对测量、监测和报告的质量控制的需要，第三点突出了基本的问题，即详细的水管理政策的效力如何被评定。当没有信心去做正在进行的分流工程时，在这种情况下，取一定量的水但不可能更多。在关于这个问题的讨论中提出了另一个问题，政府政策和基础工作之间实际有多少联系？独立审计组的伙伴报纸列出清单并推断："在南澳大利亚、维多利亚和澳大利亚首都地区，普遍有依从于'协议的取水上限'的需求"，这个清单有针对性地遗漏了新南威尔士。

第四点，建议水交易以更快的速率扩大。当"协议的取水上限"被引进时，水交易被视为机制与适当的调整框架相结合，该机制将水从其引起环境损害和产生低利益率的地方转移到可以被更好利用的地方。在墨累-达令河流域，直到最近，当在供应的可靠性水平有显著差别的地区间交易时，许多固有的复杂事物靠限制交易以避免在墨累河的中、下游地区的高度的安全权利不被破坏，因为墨累河所有范围之内有相似的水文特征。解决这些问题是国家水方案的主题，但实际上，扩大水交易的努力遇到了许多障碍并且进程非常慢。对于"协议的取水上限"定义的经过、协议的记录的程序来说，第五个建议可能是最令人惊讶的。几乎是难以置信的，没有中心内容的记录，大概会接受公众的审查并被公开。这些记录记载了该程序在每个墨累-达令河流域的 22 个水管理地区，在给定的一系列情况（作为约束条件）之下用来计算"协议的取水上限"。关于"协议的取水上限"定义的难以达到合法的理由是不明显的，但是在美国通过模仿技术，假定基础水管理计划专家得到详细的估价是通过的合法行为，则该合法行为就可以被一些环境团体所使用。[38]

可选择的"协议的取水上限"的程序

国家水试点是一项新政策，与"协议的取水上限"的方法一起用于检查（水资源管理）程序，该程序被用来评定对整套农村水改革的依从方案，该整套农村水改革在1994年由澳大利亚政府联席会议批准的。监督1994年水改革执行的组织是国家竞争委员会。依从不同的执行阶段与竞争支付（成本）相联系，竞争支付是国家竞争政策的执行计划的较大的一部分。由于"协议的取水上限"所突出的重要的考虑是国家竞争委员会的目标程序聚集于环境的可持续性上，似乎可以设置苛求的目标、严格的评定并且至少有一次集中执行重大惩罚的手段。

由国家竞争委员会管理的有关1994年改革的程序，在一些细节上被描述在2004年6月公布的新南威尔士所依从的估价报告中。在2003年所有的州都参加评定，但新南威尔士没有及时准备。在关于延期的评论中，国家竞争委员会批评了那个州（新南威尔士）在12个月后连续准备上的缺乏。国家竞争委员会报告解释了它正寻找在计划中的下列特征：

——生态可持续性目标应当是个体系统特有的并且在前后关系上与相关的生态地区一致。

——水系统中，周围水的分配应当能充分地实现"健康运转的河流"的目标，并在该水系统中有现存的使用者。

——水系统中，周围水的分配应当在维持生态健康的水平上。[39]

参与者的证据也是一个重要的优先条件，但是国家竞争委员会关心的是"特殊的利益群体不在考虑之列"。[40]关于程序的评论，由于该程序对平衡社会、经济和环境的相互关系有特殊的利益：

> 虽然委员会承认新南威尔士政府关于决策程序适当的重要性，但它不会考虑导致水共享制度安排的程序，即使为了实现一个可持续的水生系统，水共享安排也将不会超过一段合理的时期；同样地因为该决策程序没有完成澳大利亚政府联席会议提出的“关于维持水资源健康和生存能力的目标，或者在强调河流的情况下提高或恢复系统的健康。”[41]

这重点强调了在实际中实现可持续性的需要，在原则上，这是 1994 年改革国家水试点和国家竞争委员会工作方式的一个显著的特色。

新南威尔士所依从的国家竞争委员会估价的中心部分是对州内的 35 个水管理计划的 10 个典型例子的检查。这 10 个例子中的一些在墨累-达令河流域内，因此有可能去直接比较国家竞争委员会方式与“协议的取水上限”框架下发生的事。例如，在圭迪尔河的新的水计划之下，提议的水抽取限制是每年 3 880 亿升，这个数字说明了与在墨累-达令河流域“协议的取水上限”之下被允许的数字相比，减少了 6.5%[42]。在检验新南威尔士的计划中，国家竞争委员会使用了相当多的“州政府有关 1998 年管理河流健康的详细的”研究资料。[43]在 1990—1998 年度这段期间，国家竞争委员会报告记录了平均抽取的限制是每年 2 200 亿升，并且 1998 年河流健康报告陈述了“对河流增加的压力清楚的证据，特别在它重要的沼泽地区域”。该报告还评论了提议的新的限制几乎是两倍于环境压力的上限数据。国家竞争委员会也关注季节性流动模式的改变。新圭迪尔计划会减少先前高流动时期（指用水高峰时期）的流动量的 10%，虽然与发展前模式相比，以前一年中低水平的流动将增加 10 倍，换句话说是流动季节性模式的倒转。在总体上考虑该计划，国家竞争委员会推断：

> 新南威尔士没有提供支持长期抽取限制的证据，并且在该计划下制定的其他规则，包括去显示该计划能充分说明季节性和流动可变性。[44]

带着不赞成的意见，国家竞争委员会也记录了像报告中考虑过的其他水计划一样，这个计划“在它十年的生命中没有为抽取限制和流动规则的改变提供什么”，该计划应该提供环境下降或影响环境可持续定义的新知识的证据。[45]对已完成的许多计划的评论是：“周围的水是供应给分水工程之后剩下的，而不是作为在国家水试点之下需要的其他方式”，在国家水试点之下，消费水池的大小是由满足环境可持续性需求后的可利用量来决定（任何水平的修改需要协商并通过地方集水程序在相关水计划中作出详细说明）。

国家竞争委员会关于纳莫伊水管理计划报告的估价中，记录了新计划之下的长期抽取限制将是 2 380 亿升。在墨累-达令河流域“协议的取水上限”下可利用量减少 7%，但是国家竞争委员会的记录说它几乎比 1990 年和 1998 年间的平均抽取值高出 1/3。

对较早时期的河流健康的估价已发现：

> 有清楚的证据表明：增加的跨境水使用的问题，正引起纳莫伊河和别处的排水沟、沼泽地和低洼地的健康问题。[46]

国家竞争委员会关于纳莫伊水管理计划的报告推断：

> 新南威尔士没有提供支持长期的可持续性抽出限制和计划之下制定的其他规则的证据，包括去显示出有计划地、充分地保护低水平流动。[47]

国家竞争委员会的报告更加赞成对拉克伦河水管理计划的估价，但却不太赞成马兰比吉河的计划。该委员会在 2005 年的最后预期报告中，其结论是“依据可得到的证据，指出新南威尔士没有尽可能地去提供水以维持生态价值”[48]，并且给出预先的通知，即除非有更大的发展，否则他们将推荐或启动一个“竞争支付中的实质的暂停或减少”程序。后来，2005 年新南威尔士的竞争支付被减少了 10%或 2.6 亿澳元（随后调整至 1.3 亿澳元）。相反，作为执行澳大利亚政府联席会议计划中部分失败的结果，即在墨累-达令河流域部长委员会反复强调许多新南威尔士河流的“协议的取水上限”的破裂后，特别是在达林-巴望（河段），在许多年中依从模式任务的失败，导致了在综合管理组年度报告中仅仅是提到“不赞成”。在后来的墨累-达令河流域部长会议中，新南威尔士部长去解释关于破裂（“协议的取水上限”）问题，并正式请求他们打算去进一步的为之努力。

改变旱地盐分所造成的压力

在过去30年间，墨累-达令河流域管理制度和政策的改革，反映了政府和社会都考虑了生物物理过程及其方式的基本转变，这种转变通过集水区域的水的运动而受到影响。[49]最重要的改变之一是旱地农业和田园对集水区域水文周期影响的增加的认知，尤其像旱地盐分明显的蔓延，这是在20世纪80年代和90年代地方议会和委员会增加的、受关注的主题。过去150年出现的本土植被的大量稀疏，显著增加了到达地下水层的降雨量。这导致盐分增长并与许多地方下层土交叉，而且水流携带流动的盐分，由毛细管作用带到土地表面或者流向侧面进入河流。

不论是社会和经济原因，还是来自科学的挑战，旱地盐分过去和现在对于管理来说都是一个难题。政府不得不想办法去动员社会团体，这些社会团体超越了那些在灌溉区域且习惯于一起工作的人们和从盐分管理中受益很多的人。然而灌溉引致的盐分服从于由工程师组织的技术解决办法，旱地盐分更是一个社会和文化问题，需要看作一个整体去分析。灌溉引起的盐分导致其复原工程（指恢复已被盐渍化土地的相关措施）的投资是昂贵的，而且大都发生在单位面积上回报率相当低的地区（意指一旦盐化，即使复原，再生产能力也比较低）。

许多情况下，对土地拥有者来说，消除受影响的土地比试图去收回土地更有意义。旱地盐分的许多负面影响并不直接影响土地拥有者，在较远的农场并将特定地区的土地管理实践与效果联系在一起是不容易的。每件事似乎含糊地连接其他的每件事，但是为矫正分配成本的措施去鉴别作恶者或直接的捐助者是很难的。此外，旱地农民和田园诗作者（可理解为崇尚原始和自然的环保主义者）作为一个团体趋向于更老、更贫穷，（不像其他土地管理者那样受到教育）而且不太习惯于与他们的邻居和政府合作。[50]如果他们不遵守盐分缓解计划，会导致对旱地造成威胁，这个威胁使灌溉者将面临丧失他们对水的使用权。因此，政府仍然在努力去找到一个可接受的政治上的和管理上的办法，作为对单个农民和田园诗作者层面关于旱地盐分问题的答复。

在 20 世纪 80 年代末，一系列多雨的年份使地形发生改变（水土流失等原因），同时，这种改变引起新南威尔士和维多利亚的盐分问题。在 1993 年转交给墨累-达令河流域委员会的一份报告，证实了由升高的地下水层引起旱地盐分正迅速扩张，而且盐分监测和研究受到限制或得到调整也不够充分。在那一年的末尾，委员会关于旱地问题的工作组（随同灌溉和河流问题工作组一起）建立起来，负责去管理为响应那个报告而做的一系列研究计划，并且资金日益增多，从做小规模工程转为区域性计划项目。

在这期间，由墨累-达令河流域委员会办公室和有关组织如澳大利亚联邦科学与工业研究组织、澳大利亚地质勘测组织等投资或共同承担的研究，重新定义了在墨累-达令河流域关于盐分问题的科学理解。从 20 世纪 80 年代末到 90 年代初由澳大利亚地质勘测组织指导的地下水模式也开始影响政策制定者的看法。这个组织还调查了墨累河小桉树区域和下游达令河地区的地下水活动，而且预报了水文地质周期的中断及其对超过数十年的原始植被的广泛清除，将对墨累河引起严重的盐分影响：即地下水位需要用几百年的时间才能达到重新稳定。这项工作被其他活动补充，例如新南威尔士旱地盐分风险工程，该工程从 1998 年运行至 1995 年，暴露了该州大部分地区处于旱地盐分的风险中。

在这段期间，盐分研究的重点开始转移。重点越来越多地放在更广阔的集水区域，而不只是放在灌溉中生物体因素对于主要河流的影响。排盐策略的10年回顾证实了在南澳大利亚的摩根河流域的盐分提高了大约10%，如果不采取有力措施消除作为集水区域日益增多的旱地盐分影响，预计在20年内情况将进一步的恶化。[51]为回应上述问题，部长委员会委任了一个全面的盐分审计组。它预言了在不采取矫正措施情况下，在2020、2050和2100年墨累-达令河流域河流中，旱地和被灌溉地区盐分的结合的影响。根据审计结果，以有价值开发的8 000亿升饮用水为开端，像在摩根被测量的一样，到21世纪中期为止，盐分将超过当时的50%。它也为支流例如亚弗卡和维多利亚的落顿、麦考瑞、纳奥米、博根、拉克伦河和新南威尔士的卡斯尔雷和康达迈恩、巴朗、沃里戈和昆士兰州的边界河流等都做了可怕的预言。[52]对于像麦考瑞这样的湿地、沼泽地和泛滥平原的影响预计尤其严重，麦考瑞湿地很少被淹没，因为增加灌溉可导致洪水泛滥频率的降低。[53]

可能，更多的关注是流动的盐的数字，而不是从墨累-达令河流域被输送走的盐。在目前的条件下，据估计每年大约510万吨的盐在河流中流动。这其中的200万吨流出墨累河口，而其他300万吨留在了流域内。到2100年为止，在墨累-达令河流域周围再沉积的盐的估计是大约每年500万吨。流动的盐分不是经由墨累河口流出，而是由地形决定并沉积在大部分低洼地，例如沼泽地和泛滥平原。这些地方是一些生物学上最丰富而且经济上最多产的河流系统的部分。每年有几百万吨的盐增加到这些地方，并带来了严重的风险，这些风险是在未来生态系统中的某时就会开始有明显的变化。[54]考虑的更广泛一些，盐分恶化的情形表明其他难题在流域内发展，例如侵蚀、营养的流失、土壤酸化和碳运动的增多，然而，这些由于综合监测系统的缺失是未被记录的。

在墨累-达令河流域盐分审计的同时，澳大利亚联邦科学与工业研究组织被委任去估价遍及墨累-达令河流域占优势的旱地耕作系统，以及控制雨水对地下水的再填充的能力（地下水系统作为增加和再填充的结果，使水分上升与含盐的下层土壤交叉，引起河流和土地表面的盐分积聚）。在其评估报告中，澳大利亚联邦科学与工业研究组织推断：在墨累-达令河流域适当的位置，现在还没有一个主要的耕作系统或接近符合由他们代替的原生植被体并拥有利用雨水的能力。[55]

在同一期间，澳大利亚联邦科学与工业研究组织发展了预报盐分风险的模式和不同土地管理选择的可能结果。作为墨累-达令河流域委员会的"成本工程"（指对盐分影响地区的恢复工程的评估工作）的一部分，承担的其他工作推翻了已往确立的观点，即旱地盐分的增加产生的大部分负面影响，将会发生在农场上或在河流里（实际上可能影响面更加广泛）。该成本工程是委员会办公室承担的团体活动之一，委员会办公室试图去重新定义在墨累-达令河流域耕作的成本和收益的估计方式。[56]它是关于"外部性"日益增多而备受关注的结果，个人或组织导致的成本可能传递给其他人、地方、物种和未来的几代人的社会中。成本工程试图去发展一个为盐分复原工程分配成本的系统方法（和特别程序形成对比，特别程序中使用公共资金的决定似乎大部分由相关的不同团体间的政治权利分配决定）。这包括决定应用"污染者支付"还是"受益者支付"原则标准的发展；还承担去建立其他对于一个综合集水管理方法必要的基础工作。

作为其解决旱地盐分计划的一部分，委员会启动了澳大利亚联邦科学与工业研究组织和地质勘测组织联合的工程，即在新南威尔士北部的利物浦实施计划，该计划在集水区域使生物多样性和经济模式相结合。像这种联合不论对计划者还是管理者都想要的，即对自然资源管理采取综合的方法是必要的。其他的工程计划突出了针对于澳大利亚的农村大部分产业最优方法的不足之处。在大多数情况下，尽管它被明确定义，它们远远达不到可持续管理的目标。

在20世纪90年代中期，在墨累-达令河流域框架内，该项工作的许多部分分别由旱地灌溉和河流问题等三个工作组组织完成，并由委员会办公室负责管理。他们的操作方式反映了联邦系统提供的在墨累-达令河流域参与司法间水管理的组织网络。以下是怎样指导行动的一个实际例子：尽管细节有变化，每一个工作组都作为墨累-达令河流域委员会的一个迷你译本在操作。他们共同从每个权限内带来典型经验，通常他们由有相关主题的和有政策责任的中上等水平的公务员代理，即由团体顾问委员会任命的代表性团体和来自委员会办公室官员主持进程和政策落实。这些团队的成员提供在委员会共同的计划下，负责投资工程的详细问题和疏漏等事宜。他们也给各自代理处的领导提供政策建议，这些领导是墨累-达令河流域委员会的委员。依次地，代理处的领导们建议他们的部长，而这些部长是部长委员会的成员。

这个工作组的操作是许多其他委员会组织活动的示范。几年来这个相同的模式在解决许多问题时被很多委员会重复效仿。尽管委员会名称和职责经常改变，但是在人员方面有相当大的连贯性，这些人员在一些案子中参与时间超过二十或三十年。在关于墨累-达令河流域的政策和政治的讨论中，焦点通常被放在部长和委员身上，但是他们中的大多数来去相当频繁。相反，许多有高级代理水平的关键职员参与的时间要长得多，包括一群对已发生的许多政策的发展负有责任的人。

与上述涉及的三个工作组的活动并行的委员会，也引进了实质的教育计划，即在20世纪90年代强调学校工作要鼓励孩子们“对他们特定地区的将来”有更多地认识。假定墨累-达令河流域的可持续管理不是单独地基于短期或长期的经济考虑，对于这个假定的工作，例如将特殊而永远地进行每年数千所学校的孩子参与艺术和文学的工作，调查他们的环境和社会与河流及流域的关系。目的是去培养和支持长期计划去控制（环境）退化，促进更加可持续的文化价值的实践。正如墨累-达令河流域委员会的主席罗伊·格林所言：

> 我们当中的许多人认为，应当科学地、经济地执行和管理备受关注的流域可持续的自然资源，但是这个观点忽视了价值的作用。如果我们为了利益要做长期的牺牲，在我们的一生中的许多情况下认识不到。首先，因为成本-收益分析显示了承担义务是一项有利的投资。最后应该确定的事情和我们要做的，是体现我们自身的价值。[57]

另一个对墨累-达令河流域的公共政策有重要影响的是关于未来维多利亚湖的争论，维多利亚湖是南澳大利亚边界附近在新南威尔士西南的主要蓄水池（位于墨累河上）。[58]1994年由于湖水持续降低，允许采取补救措施时，暴露出了数千年来很多土著人的坟墓。经过与当地本土的社会团体进行了数年的拖延的谈判，并进行了超过400万澳元的保护坟墓点和文化素材等工作之后，在2002年又同意了一个新的操作计划。以前的计划主要将焦点放在为南澳大利亚供应水和在适当的地方减轻河流的一些盐分影响的管理上。相反，新计划考虑了更宽范围的问题，尤其是本土的和环境的问题，它也包括团体参与的程序，特别是定期磋商机制。[59]维多利亚湖工程使部长委员会及委员们意识到墨累-达令河流域的许多其他部分，需要对类似的当地土著人的利益考虑，在河流和他们的周围，已成为人们活动和居住的主要地点。

在20世纪90年代末，委员会办公室和它调整的活动有一个主要的回顾（报告）。该报告阐述了建立工作组并去提供正在进行的关于长期问题的政策建议，目前，该问题被当前的系统取代，当前的系统在大部分委员会之间及在司法层面上被牢固地定义，当工程完成时或被终止的情况下，由委员或副税务长就职，副税务长提供与委员会和部长委员会决策程序直接的联系。以前，两个团体会议议程的多数项目由委员会办公室的主要执行者引进，一些人认为这是一种关于司法权限的一部分被延伸和一种不必要的反对模式。它就是在这个新结构下，由委员会提议，部长委员会批准了两个最基本的政策，即在墨累-达令河流域试点进行的综合集水管理政策和流域盐分管理策略。

集水区域的综合盐分管理

原则上来说，尽管不是在实践中，近年来的优秀政策是由部长委员会在2000年批准的综合集水管理政策。这些政策详细说明了长期目标并创造性地解决如何执行、如何去缓解压力等问题，增加和设计了其他的政策并在已存在的管理事务之上进行改进。综合的集水设施管理政策是这种模式的一个例子。有时它也被看成是所谓的伸展或延伸策略，伴随着现有的制度，从社会或科学角度看是一个不断完善的策略，但可以为获得某种能力提供刺激因素。[61]综合的集水设施管理政策声明："要成为在墨累-达令河流域中所有其他执行策略的基本框架。"这个千年文件（在它的行为改变的要求中）包括了一个许诺，该许诺是经过下一个十年，社会和政府要提出一个可测量的关于水质、水共享、河流生态系统健康和陆地生物多样性的目标。在综合的集水设施管理政策声明的背景下，最重要的政策是流域盐分管理策略。

1988年引进的排盐策略，成功地处理了一些在墨累-达令河流域灌溉引致的明显的盐分征兆。从那次经验中获得的信心和增长的关于盐分根本原因的关注，导致更加富有雄心的流域盐度管理策略的准备，流域盐度管理策略在2001年由部长委员会批准。[62]新的盐分策略的基本原则是一个判断，该判断是要解释当前的科学知识、农业系统和制度约束等不能够充分地应对逐渐出现的难题的原因。为有效地做出反应，该策略在遍及墨累-达令河流域的许多地方，要求重新设计耕作和田园生活的（基础设施）系统，社会地方管理的新形式要求能够在低于集水区域（水位线）而受到威胁的资产、投资与提议的盐分缓解工程的创新方式之间作出困难的选择。

作为自1988年以来灌溉发展的结果，较早的“排盐策略”主要重点是墨累-达令河流域南部的灌溉盐分，而“流域盐度管理策略”试图去包括整个墨累-达令河流域盐分的所有形式和资源。它有两个主要基础，第一个是技术层面上的，主要设计去实现短期内，在地下水达到主要河流之前，盐分被截取；第二个主要是生物学层面上的，涉及主要再填充地区的广泛再种植计划，因为地下水上升会带动土壤下的盐分活动，因此再种植计划有利于降低地下水。流域盐度管理策略的第二部分，是关于多方参加的政府的承诺，如何去发展新的耕作系统，并在该地区优化目标的社会程序。它需要相当大的改革而不是在最小的地区管理有关环境问题。

与大多数其他环境管理策略相反，流域盐度管理策略采用非常有雄心的目标层次并且通过与众不同的严格管理。这些都基于一个许诺，即在摩根的盐分维持在现有水平到下一个15年；在摩根目标之后是实现支流上游流域的目标，州政府许诺去满足这两者。在协议中，作为在每个河流流域尽头（那儿连接着墨累河流域的另一条河流）维持和提高盐分的测量水平，需要在别处有更多的投资，通过相关州政府去实现协议中的“全面降低在摩根的投资”。作为伴随排盐策略，它基于一个借方和贷方的中央寄存器，去记录在每个州的补救工程和农业活动的盐分影响。

在墨累-达令河流域的地下水系统中，行动与反应之间的长期时滞带来了附加的复杂性。伴随着地下水系统，可以有几年的延迟，有时是数十年，甚至是几个世纪。在当原生植被被清除时，以及当由上升的水层带动盐的影响增加。这段期间河流中的盐分水平要保持未来的盐分水平即2001年在摩根测量的平均水平，盐分的重担会带来土地管理变化，这将采取非凡的努力，才能使河流中（盐分）保持较低水平。

设计流域盐度管理策略的目标就要考虑影响墨累-达令河流域河流的盐分的所有资源。这一次包括由较早的排盐策略覆盖地区（所有在 1998 年以前形成的水权的影响地区），* 加上墨累-达令河流域别处所有水权，不管它们是何时被准予的。流域盐度管理策略的关键词是“历史遗产”，描述了墨累河流域的盐分在 150 年发展的全部影响。在这个策略之下，政府同意分享补救活动的资金，不必试图去解决任何权限，尤其是应为出现的问题承担责任。这就避免了相当大的能量转移，否则给定的任务是很难完成的。因为资料的缺乏、盐分资源和对穿过地形的路径的不充分的认识、有限的模式能力和可用资金等问题存在，则需要去分配由过去 150 年的发展产生的盐分影响的责任。

第一次的这些目标安排也涉及了昆士兰州。这个州以前没有包含在流域范围的策略之内。在这之前，它与墨累-达令河流域部长委员会和委员会会议的观察员（尽管不是一个安静的人）一样，有一个涉及在边界之内运行受到影响的自由许诺。在一个集水区域的末端，南澳大利亚也做了改变。为了保证那些沿着墨累河中下游河段有高度安全的权利，跨边界的水交易在 20 世纪 90 年代末通过实验基础上被引进，在新方案下交易的大部分水，向下游移动进入南澳大利亚，并带来了经济繁荣，这主要基于葡萄的大面积栽培（最近葡萄酒的价格暴跌已经改变了这些动态）。

南澳大利亚在 20 世纪 90 年代初的部长委员会中起到了积极的作用，赞成跨边界水交易的引进并取得成果。然而，维多利亚政府后来声称排盐策略不正当的效果影响了许多投资者的决策，导致他们选择南澳大利亚（去投资）。作为维多利亚在排盐策略下许诺的结果，在设立了新的农田水利计划后，该州的开发者只

* 适用于由 1988 年以后批准的（流域排盐策略及其权利管理）标准，新发展而产生的盐分管理，已由长期确立的排盐策略所覆盖。

好购买盐分信用证（盐分信用证既昂贵又不易得到）或者承担额外的并且昂贵的工程，去防止他们的活动对墨累河产生盐分影响。南澳大利亚的投资者只需要做一项许诺，即在未来某个不确定的时间内，当盐分影响变得明显，他们要在适当的地方设置盐分缓解的工程。这些协议并不是关于土地权利的契约，而且几乎是确定的、非法律上的、是可实施的，也适用于对已经做了许诺的人或后来的所有者。

委员会和部长委员会的会议详细地讨论了维多利亚州的很多抱怨和意见。最后，南澳大利亚同意在适当地方承担为了发展而赔偿及所做的工程工作*。而且，为了未来的计划，要求在法律上捆绑许诺。对以协商过的解决办法严格执行，南澳大利亚也同意有它未来的盐分借贷记录，由堪培拉委员会办公室管理盐分的排泄记录。他们与维多利亚和新南威尔士两州相配合，而这两个州自从1988年引进的排盐策略就已提出了那个信息。

犹豫中产生的动力

基于2000年的前景考虑，墨累-达令河流域新方案明显而认真努力地去调整满足当代水管理的需求。在原则上，至少集水区域作为管理的基本单位被接受，而且容易去实现。昆士兰州正慢慢地统一到更广泛的墨累-达令河流域框架中，并接受流域盐度管理策略，这说明它对于下游的州的盐分影响的要求。这是昆士兰州移出参与讨论阶段的第一次机会。也有确认，流域范围的管理需要全盘考虑问题。1987年墨累-达令河流域环境资源研究题目已扩大到了所有受关注的问题，包括一些如：气候变化、生物多样性保护、政府政策影响、社会变化以及提升相关环境管理形式的需要。这些是与自然资源管理策略合成一体的。对于开始改

* 这是有效的来自一般收入投资的政府津贴；不需要开发者捐助。

变危险的意识已经提升，甚至迄今为止，世界最大的有毒海藻爆发事件上，这个事件发生在1991—1992年夏天的达令河。类似的教训已从流域范围的地下水研究中得到，流域范围的地下水研究显示，需要再扩大种植多年生植被的范围以防止大规模旱地盐化。同时，在墨累-达令河流域发生了重大的制度改革，不同形式的地区性集水区域的权威机构，取代了长期确立的州代理处，而且委员会和委员会办公室流线型的工作方式有了实质性的进展。

到21世纪初为止，在墨累-达令河流域引进综合集水管理的程序开始停止。在20世纪80年代建立该系统的大部分部长和公务员已经继续努力而且去处理日益复杂的问题。关于更宽范围问题的工作显示了复杂的相互关系，而且表明了文化和经济系统深刻的改变对有效的水管理是非常重要的。伴随着行为变化而要求综合集水设施管理政策和流域盐分管理策略共同有一个大胆的声明，该声明表示在墨累-达令河流域现有实践下，所有已确立的主要农业和田园生产系统，都是不可持续的，这两者都严重地挑战了欧洲殖民者社会在墨累-达令河流域行使职责的方式。

在联邦政府正式批准流域盐度管理策略之后不久，新南威尔士、维多利亚、南澳大利亚和昆士兰等州政府，作为澳大利亚参议会的成员，有西澳大利亚和塔斯马尼亚州的加入，他们也同意有实质性不同的盐分和水质的国家行动计划。[63]国家行动计划要求每一个州政府为在他们权限内选择的集水地区的环境管理计划与联邦（不与毗邻的州政府磋商）协商一个双边的安排。但是，国家行动计划与流域盐度管理策略在许多方面冲突。墨累-达令河流域的大部分地区由汇流区覆盖，汇流区域满足了参与国家行动计划需要的标准。结果那些区域受两个不同策略的支配。这两个不同策略都是为了盐分缓解，而且每个都有自己的优先权。在国家行动计划下，伴随着其他对水质的管理，综合盐分管理的需求是导致另一个潜在的两个计划之间冲突的原因：流域盐度管理策略只集中于盐分，虽然想象上是在广泛聚集的综合的集水设施管理政策声明背景下，但不同水平的管理人员有改编两个策略的执行以使他们相谐调的责任。有这样一个事实，综合的诱因大概有些缓和，或许按照工程的大部分可用货币正在捐助国家行动计划，而不是流域盐度管理策略。

综合的集水设施管理政策的声明也产生问题。在 2001 年 6 月带着相当大的吹嘘成分，部长委员会采用了综合的集水设施管理政策声明，而且做了一个调整行动的许诺。但是 2002—2003 年墨累-达令河流域委员会年度报告的检查显示了该新的重要政策不久就平静地被迫退出。在引进它两年后，对于它执行的描述用少于两页纸的大部分空间讨论盐分、水质和天然遗传性信任的国家行动计划的角色，有效地取代了它和流域盐度管理策略的双边计划（虽然不同计划之间没有冲突的暗示）。[64]综合的集水设施管理政策声明中，转引年度报告的解释，“特殊的资金计划不支持。更准确地讲，澳大利亚（联邦）和州政府提供执行政策的资金用于支持他们自己的计划”。目标的采用不再提及，相反，四个将成为目标的地区现在是“为特别行动而确定”的关注点。然而，可能发生的事情没有透露，作为“在综合的集水设施管理政策下为投资而制定的协调机制以及流域内 19 个地区的综合集水管理计划”，没有指出他们在哪儿可能被找到。换句话说，没有文件表明任何事（如作为无论如何都不会发生的综合的集水设施管理政策声明的后果）发生。

2003—2004 年的墨累-达令河流域委员会年度报告提出了类似的含糊的描述。综合的集水设施管理政策的讨论用了半页纸，它谈到了近期出版物，该出版物提供了“综合的集水设施管理执行的简单印象”，而且列出了许多在整个墨累-达令河流域进行的将会贡献于改善集水区健康的许多活动。有些显然包括了一些种类的目标的发展，但是没有关于他们是什么，用来发展他们的程序的讨论，而且没有关于在哪儿能够获得这种信息的指导。报告承认关于成就的描述在指导上是不必要的，而且作为综合的集水设施管理政策，会同样地被正视。此外，作为综合的集水设施管理政策或它以任何方式产生影响的结果，没有任何哪怕是简单的描述，包括有关行动的暗示。*

关于流域盐度管理策略和综合的集水设施管理政策声明的命运，从墨累-达令河流域的综合集水处范围管理中看，更加普遍的退出的征兆表现在部长委员会及下设的流域委员会。在2004年，对于墨累-达令河流域的司法间的制度的观察有一个观点，即作为墨累-达令河流域团体顾问委员会委员、温特沃斯团队的长期成员、国家水委员会基金会委员彼得·卡伦提供了这个观点：

> 在20世纪80年中期的改革之后的早些年，部长委员会被劝说去委任一连串重点调查，他们的结果为改变带来了强大的压力。尽管这个方法在许多州引起了政治上的疼痛，他们并不情愿伴随它导致逆转持续退化活动的公共要求越来越多。这是个非常好的策略。许多州对此很不安但却使用着它。如果联邦政府给予支持，它将会被运转。相反，它接受这个观点，该观点是委员会（很大程度上意味着委员会办公室）正侵占它的角色，而且这将是不允许发生的。联邦部长和委员们感觉到了他们在流域内调整领导的变化。所以联邦政府通过关于盐分和水质的天然遗传性信任和国家行动计划，为自然资源引导新的货币渠道。把精力贯注州代理处而不是通过由委员会提供的多重政府的程序，设立了在联邦和州政府之间的不合理联盟是为了他们自身的原因，促使两者都不乐意授权给委员会。结果，你有十亿美元转到自然资源（开发利用或保护）而不经过委员会。这是不幸的，因为当

* 这里提到的集水区与以前提及的是相似的，但是与水管理地区不同，水管理地区被认为是“协议的取水上限”程序所使用的“指定的河谷”。

钱经过委员会时，就有了所有的政府对每个其他投资者的总体看法，而且他们就承担起对彼此的质量管理。在新的安排之下，联邦政府一个接一个地与每个州协商，而且它缺乏知识和经验去有效地细察每个州的建议。结果这些州会利用这种情形并且运行他们自己的议程。现在我们对于做出的详细审查时间都少于所有政府参与的时间。在墨累-达令河流域，我们如此接近于使它正确但是权利关系破坏了它。[65]

然而，总理投资农村水改革的100亿澳元计划，以及他从州政府手中接管墨累-达令河流域事务，这将改变联邦政府的角色。它不再是六个政府之一，不能通过双边交易去打破墨累-达令河流域委员会内部达成的、脆弱的一致意见。在过去，它可以参与委员会会议但经常对委员会所作决定的水平和性质颇有微词。在新计划之下，决策成了联邦政府自身的责任了。关注的焦点将集中在自由党和国家党两大联合参与者的政策设想与目标上，这种情况比之前将更明显。他们的联合将与减少水的分配以实现可持续发展的建议相冲突，并且水贸易对于依赖灌溉生存的地区有着重要的社会影响，这两者都是仍处于争议之中的问题，这些问题必须在联邦政府打算发挥领头作用之前解决。

第五章　空谈环境与梦想增产*

亨利·琼斯是一个渔民，居住在墨累河河口附近、靠近亚历山大湖的科雷顿，在提到关于他对未来墨累-达令河流域的期望时，他评论说，“最近政府各阶层的从政人员们正在讨论环境问题，但是他们却仍旧梦想着更多的生产这一事情”。[1] 他指出的是存在于人们想要的和人们知道自己应该做的两者之间的一个矛盾，这个问题充斥于关于水政策的许多公开讨论中，并且对水政策的落实情况产生了逐渐削弱的作用。关于支持维持生态可持续发展和短期注重生产带来的好处之间存在的矛盾问题的争论，是制订墨累-达令河河流域水政策的一个重要因素。矛盾不仅存在于人、组织和政府之间，而且还存在于它们各自内部之间。一个涉及联邦政府的典型例子是在 20 世纪 90 年代末和 21 世纪初，政府撤销了对乳制品行业的管制。这一调整致使东海岸大量靠天吃饭的奶牛饲养场关闭了，而且造成了主要水源为灌溉水的墨累-达令河流域内的维多利亚州北部和新南威尔士州南部工业的大肆扩张。至于增加对已经过度配置的集水区域的水需求是否恰当，在没有任何环境评估的情况下，这件事情就已经发生了。[2]

在同一时期内，联邦政府的其他部门正在制定政策，最终导致国家水试点的一个必备条件就是所有涉及水的公共活动，都需要检查其是否符合原则。政府常常遭到议论说他们好像演员或间谍，一种看法激励了对于行为和目的一致性的预期。然而在某些

---

* 指政府一边谈论环境保护一边强调生产，结果从实质上讲，不但经济发展的质量没有上去，环境也遭到了破坏。想要二者兼顾，那是梦想。

情况下这是一种合理的观点，有时把政府看作是许多不同利益集团竞争控制权的政策领域更有用些。在今后的几年里，这些集团将卷入争夺智力的高新领域的战争中，将允许胜利者决定着全民思考：在澳大利亚水政策的行文中什么是对的，什么是合乎情理的。长长的时滞性是许多生态系统的一个特征，在对胜利者的政策作出生物物理学上的反应之前，这将花些时间，才会变得更明显。

关于在未来澳大利亚水管理的争论，一个奇异特征之一就是几乎没有一个人对于非可持续的管理提出清楚的理论上的辩解，但是却有如此多的人将这个方法付诸实践了。一旦被证实，这个非可持续的管理的情况通常仅仅是一份社会利益和经济利益的清单，为不求回报地获得生态平衡所做的努力对这些利益构成了威胁，维持它们的这种能力将会被不断产生的退化问题侵蚀掉。对于长期内环境可持续发展是经济活动的一个必要基础这一建议，似乎存在着一个普遍的驳斥。国家水试点的放松管制，强调了已经为这场与巩固澳大利亚水管理的基本设想的分裂行为的斗争做好了准备。

长期政策发展的逻辑带来了强大的压力，据此断定在某些情况下，退化和如此多的赖以维系的资源耗竭的进程应该停止了。实现环境可持续发展的必要条件是以国家水试点为中心，但是关于这一问题的许多公开讨论，都认为主要的问题应该是目前用于生产中的水，有多少是能被节省出来，以实现环境可持续发展？关于墨累河开发项目中，为生存而提出的相对小的水减少量的争论，将在本章中讨论，显示出一个平常的答案，就是“不多”。

根据国家水试点，在修正的水文系统中，在为提取出的水需求做好准备之前，环境可持续发展必须首先实现。参与国家水试点的许多部门弄清了环境平衡是主要的目的，如果生产系统能够承担得起成本时，它不仅仅是一个要考虑的并值得拥有的额外的东西。（国家水试点）第 23 段，在所列的水计划的目标中，详述了他们将要去完成当前被过度分配或被过度使用的系统的回归。第48段，阐述了分流工程应当承担因干旱、林区大火或气候变化之后，造成的供给减少的风险。第49段，解释说：直到2014年，分流工程将要承担“可能因使用所谓科学的环境可持续水平的水提取”所引起的“任何减少或不可信赖的分配”的费用。仅仅在那个日期之后，他们将因在规定的十年内超过3%的任何节约或减少使用而获得补偿。同样的优先次序在许多其他的部门会出现。这并不意味着超前发展情形的回归，但却是需要水系统应该处于被认为是环境可持续发展的状态，而不是继续减少的情况，就像墨累-达令河流域许多部分中可论证的案例一样。

在国家水试点框架之下，所有修正的水系统都将加强管理，以使它们从宽泛的系统范围的观点来看，环境的情形是平衡的。在系统文件的上下文中，它（新的水系统管理）被设计出来是为了达到或维持环境可持续发展的水计划。在2007年底，对于被判定是过度分配的系统而言在2009年底则不再是了，但这两种情形都是需要的。这个结论下水体应该被管理得系统而宽泛，这在国家水试点的许多部门中都是清晰的。这需要目前“所有过度开采和分配及使用系统对环境可持续发展”的回归和“对地表和地下水资源间的连通性有效管理以及对单个资源的连接系统”的识别。同样地，计划的框架是贯彻坚实的路径，是以前所有过度分配的或透支的地表或地下水系统对环境可持续发展的回归过程。这是贯彻水计划、国家水试点的核心内容，而且是必须要做的。通过谈判商讨这些计划的过程，包括社会问题、经济问题和环境问题之间的必要的妥协等是要苦心推敲的。除了竞争当地的利益之外，妥协和解被社会广泛地接受也将是必要的。原则上这个过程是严格的，通过把不同的水计划合并，并纳入到将被国家水资源委员会认可的国家执行计划中。

关于“环境可持续”这句话的意思的争论曾经被高度重视过，但是有用的信息确实表明，在开始章节里用所列的最低标准来对墨累-达令河流域的估价，讨论的这个区域应该是处于一个环境稳定的情形下，而宽泛的系统能够为各个广泛的团体所接受。决定在假定的水文系统中是否应该有一个环境平衡标准的过程，并不是一个学术习题。根据国家水试点，一个系统必须处于这样一种情形或取决于一个水计划，即在永久的水获取权利被授予之前给予信心，这样它最终会实现目标。这个过程或时间表，包含于国家水试点中，表明了它应该是一种真正的而不仅仅是渴望的行为。永久的权利不能授予，即使水计划已经准备好了，与在国家水试点里已解释清楚的原则表现出明显的不一致。

在墨累-达令河流域，政府投资存在着风险，因为内部司法机构和政策并没有为环境和作为经济资源的水提供足够的保护。墨累-达令河流域协定并不是明显地与国家水试点的原则相矛盾，但是它已建立起来的组织结构促进了没有抱怨的政策和管理的发展。减少墨累-达令河流域资源安全的影响因素，包括高交易费用、低质量的信息和监测水平、来自全流域的管理水平等，这些正显现出支流管理被排除在外的倾向。

对于一个正常运作的全流域范围的水管理系统，主要原则之一应是辅助性的，如最有名的一个术语即“欧盟组织原则”，它以对人类自由的威胁和因不必要的集中而导致无效率的认识为基础，而且关于对政策的制定和规定活动的管理，应该尽可能紧密地移交给将受影响最深的人民，只要能有效地管理此事，无论需要什么都应考虑在内。它认识到了对于墨累-达令河流域在自然管理战略上的重要性，该战略是在 1989 年由墨累-达令河流域部长级会议同意的，该会议声称“行动和决定都将发生在全流域范围的，区域性的或本地的水平上，无论哪个都是最合适的”。非常有趣的是，并没有指出以“州”为单位的活动将被潜移默化地忽略。

贯彻一个以墨累-达令河流域为基础的辅助政策框架是永远不可能的，然而，因为管辖范围之间的政策实际上是由一个别样的原则所主宰的：问题不应该只提交给部长级会议和全流域范围内委员会，除非所有的管辖区都同意它是合法的。这是部长级会议和委员会的所有决定都必须被一致同意的，还要允许任何一个管辖区行使否决权，这些都是必要的条件之一。结果每一个管辖范围都能评价来自于它自己观点和问题，没有任何必要去解释对其他管辖范围的行为或决定的看法。

一个否决权的潜规则决定了什么问题能被提上议事日程以及它们将被怎样考虑。经过多年后，应对这些变化所需的挑战，并产生了大量的主要政策，而这些政策被与有效管理规定的不相关问题严重地扭曲。总之，在墨累-达令河流域运行的议事控制进程导致了政府的不同水平之间的责任的分隔，这非常不同于全面的、自由的、广泛的讨论产生的分隔，却类似于一个辅助原则。一些人已指出澳大利亚联邦体制是一个辅助原则制度化的形式，但是它推行的这些分隔并没有完全与实际水平紧密联系，在全流域范围内的水管理的有效系统内的责任移交给了全流域水管理委员会。

来自墨累-达令河流域的一个观点，即有更多的公布的社会、经济活动对流域生物物理变化的影响，尤其在各州内部，特别是在州首府和它们的内陆腹地之间。举一些例子，州边界内没有什么能构成一些区域的环境管理问题的瓶颈因素，主要是社会经济活动。如在墨累河汇水区域上游的阿尔伯里和万东高周边的那些区域，中心位于米尔迪拉的墨累河中游地区和较低的达令河区域、南澳大利亚州的温特沃斯以及昆士兰州、新南威尔士州边界上的康达迈恩（巴朗）生态系统等。

现在的墨累-达令河流域治理系统在运行过程中，产生的许多复杂的因素。在过去的两个时期，政策制定者考虑到了应该如何管理墨累-达令河流域，20 世纪早期和 20 世纪 80 年代，最初的建议是采用全面而系统地把问题作为一个整体对待的方法。然而，这将会引起一个主要的问题，即已建立的机构和行为方式的剧变。相反，面临着诸多矛盾不断增长，以至于导致方法的失败，更多谨慎的领导们一贯主张尽可能地涉及较少的干扰和面临较少的反对。由于类似的原因，阿尔夫莱德·迪肯决定不去继续推行他的建议，即对于19世纪80年代的分水岭管理的主张，这个增加的方法的缺点是使它往往过分依赖和维持现存组织结构及其进程的基本因素。“变化”，通常是机构体系更加明显的特征，而不是决定长期产出特征的潜在的进程和关系，这就是发生在墨累-达令河流域的一切结果的原因。对于全流域范围机构的一些责任的转让，已经发生在政策建议的上下文中，潜在的压力将会维持州自治权在最大程度上成为可能。因此，在部长级会议和委员会的会议上，关于规定的一些问题是否在全流域范围、州或区域范围内要很好地得到处理和讨论，几乎没有被允许过，除非对于尽可能保护不同管辖范围的自治权这一首要的问题以外。

关于水提取的资金限额

以往都很强调关于开发（利用水资源）的资金限额的增长方式的问题，这也是从2004年6月开始对国家水试点的贯彻实施以来，对于墨累-达令河流域中的水管理非常重要的框架内容。在20世纪90年代，提出环境退化带来资源安全性降低是同步的，按时间顺序在国家水试点的上下文中体现了它的一个主要的成就。然而自从那时起，在一些州，特别是在新南威尔士州和昆士兰州的贯彻情况是相当缓慢的（如此缓慢以至于10年后昆士兰州仍没有正式地实施这一进程）。尽管如此，资金限额已经对整个社会考虑水问题这件事，产生了非常重要的影响，与它的前提相一致，即水是一种有限的资源，而且需要在非正常流态（枯水期）的需求和正常流态（丰水期）的需求之间达成平衡。为了使足够的水保持在稳定的溪流状态，以便支持必不可少的生物功能，它（资金限额）的早期角色，由推进进程的动力，已经慢慢地变成了障碍。墨累-达令河流域协议和资金限额应当不比国家水试点重要，但是实际上资金限额问题仍然没有改变和完善。出于政治上的需要，焦点已集中在了回应来自受益方的压力上，这些利益方提倡更少的控制，而不是为了贯彻执行遵守国家水试点而来自于强加的更加苛刻的政权制度。

关于测量与实现环境平衡所需求的资金的限额问题，在2000年的“资金限额的五年回顾声明”中强调：

> 委员会没有看到证据并提供给他们，关于转移的资金限额，表明了当前水平恰是当时存在的那一水平，这一决定是为了限制需求。

而且在标题“对于环境回应的时滞期”之下，这样解释道：

> 在澳大利亚的环境中，人类干涉和干涉带来的影响后果之间存在着一些重要的时滞期。对于我们活动的环境影响，常常需要数十年，或者甚至数个世纪才会变得显而易见。因此，从显现于20世纪90年代的退化的水平看，过去转移的资金限额水平相当低，只有多年来提取和累积才能够产生这样的结果。这对于部长级会议委任水审计对象和回应资金限额问题的时间是足够的。[7]

讨论墨累-达令河流域的水文系统复原包括两阶段进程。首先，在目前无法接受的水平上，会需要什么样的管理来减少变化促使河流环境稳定呢？其次，会需要什么手段来使河流和它们的环境恢复到更广泛的社会团体所接受的情形呢？

在国家水试点中推行的水权和压缩到墨累-达令河流域资金限额中的水权之间的主要不同是：前者坚持优先权，无论在修正的什么样的水平下达成一致意见，要首先定义为环境可持续发展和资源安全保护所需要的配置，其次再减去从那可得到的流动的（水）数量，这就建立起了可用来转移的量；相反，在资金限额下，在环境和人之间分配的水的区分在1993—1994年的管理规则（包括可获得的基础设施等）之下决定，一个可参考的观点是首先要提供给生产需要的同时，还要对停止环境的衰微稍作让步。

当首次提及资金限额问题时，它被描述成一个进程的第一步，这一进程需要在它可以达到可接受的环境可持续和资源安全水平之前，得到广泛的发展。每次当继续的不能控制的增长压力加强时，作为再评价和发展压力的潜在性的一个先驱，资金限额是一个已经被呼叫停止的尝试。作为一个出发点，它在20世纪90年代适当地冻结了管理系统，并且把它们合并为一个用来计算在气候情形的范围之下可用来转移水量的公式。鉴于它们的起源，这些管理规则并未充分强调可持续发展的重要性，这并不是令人惊讶的。最初的意图是资金限额会被加倍改进，这是一个大概会包括它的基本设想及周期性的再评价的过程，但是这却并未有实质性的进展。

在许多不同的方面，国际资金限额并未遵守国家水试点。举例来说，国家水试点声称：应该有一个对于在地表水和地下水之间作为单一资源被管理的连接系统及连贯性的认识[10]。相反，资金限额只涉及部分水文周期及地表水，所以能够考虑地表水和地下水相交换的诸多不同的方法至关重要（地下水并非是流走的地表水补给了许多溪流中的众多水流的一部分，特别是在雨水丰富的那些时期）。另外，因为它依照气候情况变化（蒸发和渗漏影响密切），所以资金限额情况常呈现出有益于环境。这种广泛的假定似乎对环境是好的，事实上却相反。资金限额使得干旱年月对于环境的影响更加严重，因为那些情况之下它允许（地下水）开采增加。在干旱年月对水的需求要比湿润年月高，作为相应的回应，管理规则早在20世纪90年代初期适当地设计出来。因为河流管理规则被引入来减少干旱和气候变化的影响，所以这并不令人惊讶。

为了反映这段历史，对于资金限额的五年回顾的第一份相应文件解释道：（水的）使用与降雨成反比。它表明在1993—1994

年之前的10年内，在新南威尔士的墨累河流域，当每年降雨是300毫米或更多时，转移大约平均17 970亿升的水量（在这时期管理规则会与放在资金限额公式之下的那些情形非常相似）。在那些降雨量是100毫米或更少的年景里，转移大约是23 510亿升，高出31%。进一步讲，在发生于1997—1998年度和1998—1999年度的干旱年月，在新南威尔士州的墨累河流域被用来在资金限额之下转移而配置的水量，与可用来转移的水量相比要大得多[11]。在那些年，是水量缺乏而不是资金限额抑制了使用。

资金限额的五年回顾也公布了在资金限额公式下（把从这个州到另一个州的变化考虑在内），与灌溉和其他的消费形式相比较，河流的环境将会不成比例地遭受气候变化的影响。然而国家水试点的第48段则要求所有来自气候变化而导致的减少应被传递到分流系统（支流的闸、坝等），而不应全部由环境（变化）分担：

> 水使用权持有人将要承担任何的减少或较不可靠的水配置的风险，在他们的水使用权利之下，这源自于消费水量的减少，主要是：
>
> （1）气候的季节性或长期性变化；
>
> （2）诸如原野大火和干旱之类的周期性自然（灾害）事件导致的结果[12]。

在国家水试点的这些需求中，存在着无法解决的矛盾。水坝和河流管理的主要目的是将会提供对抗气候变化的保护伞，例如干旱。在干旱年份供应较多的水总是水坝建筑物基本功能的一部分，所以，如果这个区段如前所陈述的那样应用的话，那么它就有潜在性地对国家水试点的政治支持。另一方面，如果澳大利亚在未来拥有一种可行的灌溉工业，当因气候变化（如预知的一样）可能存在并使水量流入的大大减少时，水的配置将需要向下调整到一个与气候情况变化的速度相匹配的比率，而且不只是调整到一个社会广泛接受的水平或速度。有关气候变化的影响可能是怎样的，珀斯的最近研究经验提供了戏剧性的方向。与 20 世纪的最初的 75 年相比较，自从 1976 以来，降雨 15%的减少造成了超过 50%的进入水库的水流量的减少。如果过去 10 年与 1976 前的数据相比，其不同步是更具有戏剧性的。在这一范围上的减少，在墨累-达令河流域中不可能发生，但是如果必要的话，区域的机构应该会适当地采取可应付的措施或进程。第 48 段是国家水试点的起草者正在思考（应对的进程）可能会提前的证据。

关于盐度问题

在国家水试点中，盐度问题几乎没有得到任何关注，在墨累-达令河流域中水管理的一个长期存在的问题，不是水数量问题而是水质量问题，特别是水的盐度问题。澳大利亚几乎 3/4 的灌溉发生在墨累-达令河流域，鉴于使墨累-达令河流域中盐度减轻的重要性，这么大的比例的灌溉面积是相当的出人意料的。（减少灌溉面积）这是可能的，也反映了最近干旱的影响，干旱导致了地下水漏斗下降，因而在短期内减少了许多盐度问题。然而，这又是合理的，实现环境可持续和保护资源安全的需要，期待在利用相同数量的水，也会涉及水质量。因此要考虑到不去减少甚至毁坏作为一种经济资源的水及其利用的盐化能力势在必行，而任何其他的结论都是不正当的。

墨累-达令河流域中的盐度政策处于一个有很多混乱的状态。在这个流域的盐度管理策略和国家对于水质量及盐度的行动计划之间存在的矛盾，已经被提及，至于对国家行动计划的批评超出了这本书的范围。然而，关于流域盐度管理策略还存在大量需要检查的问题。盐度问题被新南威尔士州的一票否决权长期地排除在全流域范围的考虑之外了。在 20 世纪 80 年代末期，当它最终被提上了部长级会议的议事日程时，讨论在很大程度上被限制在对于南澳大利亚的跨边界的影响上。部长级会议和委员会的控制增长方法的一个结果，就是并发的政策已经在这个框架中发展起来。结果导致管辖范围内的盐度政策有一个系统的终结，而不是针对整个系统的焦点问题。考虑到大量的盐分正在墨累-达令河流域里游荡，但是并没有走出墨累河口，一个结尾式的方法并不是一个管理的有效的框架。这导致了政策并没有适当地考虑生物物理上的因素这个事实。

流域盐度管理策略的分析提供了关于最近几十年来努力的一个复杂的解说，并介绍墨累-达令河流域完整的集水区管理。它揭露了可能来自于专门的管理方法带来混合的损害，并展示了（盐分）增长变化并不会必然地导致从一个到另一个的平稳的转换（可能是突变或激增）。在这个案例中，矛盾是存在于完整的集水区管理和州政府的自治权最大化之间。全流域范围对于墨累-达令河流域盐度管理的方法的案例，是很有说服力的。大量的盐移动并穿过了边界，并且导致了一些州的管理行动影响了其他州的人们和环境。墨累-达令河流域盐度的有效管理，会需要根据实际情况采取一个全流域综合的方法来考虑相关问题。矫正措施的计划也需要在适当的范围内展开。然而，保护州自治权的问题，削弱了这一力量来创造一个一致而又连贯的进程。全流域范围内项目之间的任意分离，导致了那些在州内部执行的项目的协调、管理、报告变得更困难了。尽管许多相同的人在两个案例中，作为管理者和政策制定者被涉及进来，但是对于两个水平的项目通过不同的程序发展，必须考虑到不同的政治上和制度上的压力。

基于为寻找到一个涉及墨累-达令河流域部长级会议和委员会的所有跨边界重大活动的理论依据的需要，结果导致严重地扭曲了流域盐度管理策略的外形。作为对墨累-达令河流域盐度问题的回应，盐度管理策略有许多力量去做，并已经将注意力放在了介绍环境更加良好的农业系统的需要上，并且促进了采取新的调查方法资助它们。它对于广泛的社会群体也起到了一个教育作用，并且促使了对于更大的责任和判断力失误带来的压力以被转移到一个区域性的水平。然而，有一个问题就是通过把墨累-达令河流域所有的盐度工作，限制到摩根马的目标上，并衍生出的一致性和可说明性，可能是一件分散注意力的事情，也是其他地方（集水区域）应该做的事情。如果流域盐度管理策略将注意力勉强地放在摩根马的目标上，从而它趋向于关注主要的水道情况，并减少泛滥的沼泽地的需求和在一些上游支流存在的严重问题。也存在一些相关的问题：如怎样去平衡工程的短期费用和长期收益；工程被设计出来是为了减少进入到溪流中的盐流量，特别是那些因产生大量的盐负载，但又正在经历缺水和人口增长而出名的城镇和地区，如新南威尔士州和维多利亚州的内陆交叉的斜坡地带，等等。

有一个小城镇叫亚斯（澳大利亚著名小镇，靠近首都堪培拉地区，隶属新南威尔士州），它的形势就说明了一个普遍的困境。它也揭露了由达到目标的策略和方法带来的一些潜在的冲突。亚斯河的盐浓度经常每年都会超过 1 000 EC（盐度含量单位），已有很长时期了，而且在墨累-达令河流域的盐度审计中，它被看成是下游河流盐度的一个重要来源。这也可能导致补救建议出台，以减少进入亚斯河的盐量。但是有了盐度超标地区的详细的目标，所有可用的选择措施在某种程度上也会减少河流的流动（如工程措施）。然而，亚斯是新南威尔士州（盐度）增长最快的区域之一，而且已经达到了一个非常高的限制水平，比邻近的堪培拉高很多，更不用说最近几年几乎没有受长期干旱影响的阿德莱德（墨累河下游城市）了。因此，减少亚斯（盐分）的河流整治行动可能会遭遇当地强烈的反对。

原则上，经历了如此的压力，解决这些城镇和区域困境的一个方法，对于相关的州政府而言，是在盐度管理策略下通过对别处工作进行资金支持来履行它的义务，以实现南澳大利亚的摩根马（南澳小镇）所需要的盐度减少量。最好的地点将可能选在位于摩根马附近，那段重要的河流有相对而言可能容易被拦截的含盐地下水流入。此外，在用来测量盐度影响的公式之下，与上游同样的沿河工厂比较，摩根马附近的盐度缓解计划记录（资料）较长。如盐度审计里所示，被调动到集水处上面部分的大量的盐（经过像亚斯河这样的河流）将不会达到摩根马。因此，以亚斯流域为例，与摩根马附近达到同样结果的工程相比，在亚斯的一项（拦截）盐度工程会需要收回更多的盐。

如果执行目前的方式，这个策略会有效地促进新南威尔士和维多利亚州盐度减缓计划基金的一个很大比例，转向由南澳大利亚承担。部长级会议会同意针对墨累河中部和下游低地而制定拦截工作的第二阶段计划。在摩根马，减少水中盐度 61 EC 的计划将最终花费超过 6 000 万澳元[14]。没有考虑把墨累-达令河流域的各个州，纳入全流域而进行的一个系统性的分析，导致了资金投入的流向发生变化。

从环境视角看，以摩根马和流域下游为目标的（盐度治理）的方法的价值，也存在相当大的怀疑。如已经解释的那样，由墨累-达令河流域的河流系统上的盐度造成的大量的环境损害，来自堆积于去往摩根马（或监测河流出口各站点）途中的沉淀物，泛滥平原的沼泽地特别易受攻击。用于灌溉而增加的工程的结果是，以前淹没泛滥平原的中等洪水现在发生得要比过去少多了[15]。即使当它们发生时，水被留在为灌溉储存的水池里，较长期的与干流水隔离。这些池中的水量由于蒸发而迅速地减少，这就增加了盐的集中。随着时间的流逝，不与干流相连的池子里的水的盐度水平将强化并造成严重的环境损害，特别是对河流生态赖以生存的植物群落和动物群落的影响。尽管当被沉积在泛滥平原上的水，最初的盐分集中浓度较低，同样的过程仍会发生，只不过需要更长一点的时间。进一步说，因内地增加的（工程措施）与许多河段交叉导致咸地下水上升，使得这些影响变得更加恶化了。

通过缓解上游活动而减少河流主干道的盐分集中，将拥有许多下游河段泛滥平原地区的边际收益增加。河流里的盐度水平由水流量决定的，在上游的集水区域建有主要的水库的那些河流，任何特定时间的流动主要由被释放出来用于灌溉的水量决定。因此，来自大坝的释放周期提供了一个重要的复杂变量，这一变量会使那些对河流系统这一整体的影响，尤其是更加重要的其他影响变得模糊。对于这个问题，事实上仅仅由泛滥平原下较低的地下水层或更稳定的水冲洗是不够的。能够实现的最明显的方法是通过大大地减少转移来增加中等洪水的频率，或通过使用目标更明确的、细致的管理方法，如像巴尔马森林和乔伊拉平原上的机械操作那样具体。

使得流域盐度管理策略的目标出现可疑问题的是盐度审计，它揭露了当局减少对溪流的盐度影响没有做出什么，当然，在未来 100 年的墨累河下游的盐度可能相对容易地管理，至少在低处河段生存的人们对于消费和灌溉的紧急需要方面的努力是可以依赖的（这和环境将被严重影响区域的泛滥平原、沼泽地和湖泊形成对比）。1999 年的盐度审计表明：对于在摩根马有关流域盐度管理策略的盐度监测点的大部分影响，是由来自维多利亚和南澳大利亚的米尔迪拉附近的尤斯顿下游的小桉树造成的。补救方法包括选择性的汲取经验以避免当时盐度超过 800 EC[17]，使盐度移动到阿德莱德及更上游的南澳大利亚其他地方的水源地。例如，附近的尤斯顿的盐度，到 2100 年预计仅达到 430 EC，低于世界卫生组织定义的饮用水的标准即 800 EC[18]。

南澳大利亚州的消费者能被供给具有可接受的水质量是相对容易的，与居住在中部和北部的新南威尔士州境内河流上的群体境况形成对比。在许多案例中，在那些河流中的预计盐度将会超过人们可以用来灌溉的水平。能够处理这些问题的管理选择权是复杂的，难以执行且交易费用昂贵。关于盐度审计预报，到 2100 年拉克伦河的平均盐度将从 530 EC 增长到1 460EC，博根会从 730 EC 增长到 2 320EC，麦考瑞会从 620 EC 增长到

2 110EC，纳洛迈会从 440 EC 增长到 1 450EC，纳奥米会从 680 EC 增长到 1 550EC。[19]相反，摩根马的盐度预计，到 2050 年平均达到 790 EC，2100 平均达到 900 EC。*

摩根马的目标对中部、北部的新南威尔士州的河流和经过达令河流入墨累河的昆士兰区域的河流（在墨累-达令河流域）的有用性特别值得可疑。在两河的交汇处（墨累河和达令河），按先前的发展情况，达令河仅仅供给了大约占混合流动水量10%～12%的比例。[20]汇入达令河的水流中盐度集中的增加或减少，在摩根马（两河交汇处）任一方面仅仅起到很小的作用，尽管它们对于墨累-达令河流域北部的子流域和像麦考瑞这样的沼泽地起到了主要的作用。

这并不是减少针对墨累-达令河流域北部区域盐度政策的摩根马目标有用性的唯一因素。盐度审计预报的摩根马的平均盐度水平，如果没有采取补救措施的话，到 2050 年将增加 218 EC。每个州对于这一数据的贡献是：昆士兰州是 10，新南威尔士州是 47，维多利亚州是 53（主要来自西部的桉树林区），南澳大利亚是 108，表明形成的针对整个墨累-达令河流域的盐度政策中，盐度增加的大小，主要受来自于沿墨累河中部和低处河段的陆地集水区域决定**。

---

* 为了更好地理解这些“说明了上游河流盐度高于墨累河更下游处的数据”，应该指出：流入达令河的墨累-达令河流域中部和北部的河流，对于墨累河的盐度水平并没有什么影响，墨累河接纳了来自于休姆和达特茅斯河口大坝的大部分水量，诸如马兰比吉河和格本河等这些盐度很低的支流。

** 墨累-达令河流域部长级会议（1999，盐度审计，第 12 页，表格 2）。摩根马的措施是关于盐度集中问题而不是盐负载量的问题。后面的措施被用于另一分析水平，分析把精力集中于“墨累-达令河流域集水区域内部的盐运动和沉淀”上了，而不是在干流的盐度水平上。它强调对于诸如溶解了盐的泛滥平原和沼泽地的低洼区域的危险可能会再沉积。这将起因于墨累-达令河流域陆地集水处增加的盐的运动。专家的意见是：由于灌溉的盐化现象已被大量地消灭和控制了。而欧洲的农业政策导致了陆地集水区域的盐分运动没有被控制住，并且存在十分潜在的威胁。

拯救墨累（河）工程

期望保留尽可能多的灌溉水和对环境可持续发展需要的认识之间的未解决的矛盾，已经影响了开发资金限额的贯彻执行。这一点，国家水试点中也有所表明，如在第 14 段中尤为明显，它提供了拯救墨累河工程的基础。它有两个次级条款：第一个需要复查 1992 年的墨累-达令河流域协议以确保它与国家水试点保持一致，这是一个正在进行的进程；然而，第二个次级条款在上下文中具有特别意义，它声称一个分开的政府间的协议是为了“处理墨累-达令河流域中水过度配置和环境目标实现问题”的。然而，与目的相反，政府间关于选择墨累-达令河流域水分配和达到环境的目标的协定却变得清晰，它将不会处理整个墨累-达令河流域的过度配置问题，而只是处理了墨累河上的六个地点。[21]

此外，国家水试点的第 14 段（2）承认墨累-达令河流域存在过度配置问题（它声称正在处理这个问题）。于是这就使得它服从于这一需要，被过度配置的（水）系统到 2007 年底需要完成水计划，在许多其他的事情中，计划包括“一条纠正过度配置或过度使用的路径”。然而，在参与墨累-达令河流域管辖区间水管理的机构的网络内部，并没有重要工作正在进行的迹象，这些工作是为了准备全流域范围的需要而达到要求的计划。被介绍的反而是拯救墨累河工程，这是为响应资金限额的五年复查而开发的工程。

在拯救墨累河工程计划阶段的早期，部长级会议建立了一个科学的意见咨询组，以提供在复原选择范围中有潜在好处的建议。针对这一情况，他们可能会把墨累河恢复到如同描述的情形一样，“一个健康运行的墨累河系统”，咨询组评估了六个地点。头三个什么都没做，仅仅改进了操作，即对于新的水环境改进加上 3 400 亿升水量的标准，但这都被认为是一个较低的成功几率。加上 7 500 亿升的操作标准被赋予“低的—适中的”等级；而对于 16 300 亿升的几率是“适中的”。仅仅 33 500 亿升才被评价为“高”的。最终在 2004 年 6 月，5 亿澳元被批准用于墨累河沿岸的六个地点上。* 因此，2006 年 5 月，联邦政府给这一工程另外追加了 2 亿澳元（加上由于基金缺乏最近几年已被推后，又另加 3 亿澳元）。

与领先于它的另一工程相比，拯救墨累河工程表明了墨累-达令河流域相互配合的管辖区间的活动水平比它高得多。它把大量的已经进行了一段时间的工程聚到了一起，增添了一些新的并且相当充分的努力，投入到河流复原工作（指河流生态修复工程）。墨累-达令河流域委员会在它的主要工作框架中，规划安装鱼道已有一些年头了，目的是使鱼类将能够在墨累河里来来回回地游动，从墨累河口到休姆大坝脚下距离超过 2 500 公里。在去除障碍以改进航运的一个多世纪之后，成千上万的老树干正被放回河里以改善鱼的生活环境。在诸如伯马哈米尔瓦森林里的那些重要的陆地上，促进环境水的流动以扩展和有利于鸟类的饲养，机械操作和抽水机正在安装，以使重要的地方能够有选择性地供给水源。也正在努力使本土居民参与到对他们而言有着特殊文化意义的地点来计划和管理（水）。这些工程本身就是重要的，并在一个发展压力很大的河流系统中，能为水管理人员和政策制定者提供机会和发展以实现环境目标。

尽管拯救墨累河工程在以前正在进行的工作方面，有些很重大的改进，但它的（拯救）范围与已被确定的退化水平不相匹配，与我们所需要的目标相差甚远，这一点可以通过它的官方标题“拯救墨累河”的报告中得知。然而，关于随后将会发生什么的讨论也是如此含糊，以至于没有任何像对第二步的承诺这样的

---

* 5 亿澳元的一般等价物加上 5 000 亿升（水量），假定其为每百万升 1 000 澳元的永久水价格，是乐观的，但长久以来并是一个不现实的假定。

事情发生。对此具有特别的关注，是因为正如下面将会解释道的，拯救墨累河工程计划正在执行，但环境继续恶化，且并使其保持一个非稳定的情形。从上下文范围来看，与需要用以实现稳定的条件相比，拯救墨累河准备不充分的事实被显示出来了，事实上是它的支持者需要放弃国家水试点这个最重要的系统范围的方法[23]。为了使政策与国家水试点相符，部长会议需要的是能够宣称最可取的科学的建议，确认它的现行的政策将使墨累-达令河流域在将来某个阶段保持环境平衡。尽管它可能是错的，但是目前为止，这是部长会议上可获得的唯一的科学建议，即在现有的水量再加上管理上变化的 33 500 亿升，或者至少加上 16 300 亿升，才能够达到那个条件。

部长会议也需要信心，即它的政策能够抵抗对拯救墨累河的威胁，这个威胁是由高额交易费用、低质量数据和大量而被预知减少的流入量等因素显现出来的综合危险。然而，这项工程受制于非常高的交易费用。这是基于满足国家要维持自治的最大可能程度的需求，在这一点上，使其优先于效率的运作。同时，澳大利亚政府参议会发表的国家水试点中，关于“政府间选择墨累-达令河流域水分配和达到环境目标的协定”里，包含了下列各项元素：即六个（文件）签字，政府同意投入 5 亿澳元；未来五年用于能对一定比例范围负有责任的每个权限使用；不同州的贡献将不会被联合成一个中央的基金，但是会被放在不同的州和联邦的国库中，直到需要为止；在拯救墨累河工程的参数范围内工作，每个政府能提名并且执行计划，这是符合既定标准的；关于权限的选择，他们应该能够选择去执行在彼此的计划里投资达到确定的限额，每一权限在这些计划中将会接受它投资的信用，即达到对于 5 亿澳元的贡献的价值。* 这些财务事项将会被代表

* 来自联邦的额外两亿美元，将怎么样或多大程度的被整合到这个系统，这是不清楚的。

大臣议会的墨累-达令河流域委员会根据双方的权限水平记录在案。

为记录这些交易而形成的登记表，将会被六个权限中的每一个独立地运用和完善，记录内容要与大臣议会的全面勘漏相一致。这个必需的结果是六个一致的登记系统（但是没有显然一个主登记表），能够始终如一地管理和共享，如下边的摘要：

> 重新恢复的水（供应）将会被解释在登记表上，为维护在州或水源头的区域，并且维持在一个聚集的流域范围的水平上。如此的一个登记表将包括起源、安全、可信度、联合储存（水）或权利转移及水的其他特性，也包括同意的环境目标的申请和与那里有关的任何的水贸易。[24]

被恢复到执行“墨累-达令河流域水分配和达到环境目标的协议”框架内的水，将被记录进“它源于司法权和被接受管理的司法权里”。[25]水本身，当然，将不会被保持成一个物质的储藏实体，应在受控于拥有它的司法权的墨累-达令河流域的一部分内。它将在上游源头地区大量的存在，如达特茅斯港口和休姆水库，或者作为在未来某个时间将水物化。

由于有水恢复的计划，这个（指墨累-达令河流域水分配和达到环境目标的协议）被称为拯救六个（上述提到的六个一致的登记系统）神圣位置的水管理改进也被分散了。对于流域环境灌溉计划的工作，各州将安排在合适的时间，对于列在它们登记表上的水项目进行按表发放。后来，他们的努力将会受制于一个每年的外部审计的过程，由代表组成的大臣议会管理。这种情形被事实弄得更复杂，而事实是各州和首都地区赋予权利，去交易它们已经列到登记表上的环境用水。因为环境用水会围绕墨累-达令河流域而流动，这将必要去追踪水来自何处，去往何方，包括水文学的环境用水含意，及其改变、被占用的部分。关于这些交易的详细的信息，必须要记载在由墨累-达令河流域委员会管理的登记表上（这个登记表不是主登记表）。对于除专家外的所有人，尝试去阐明这些水交易的轨迹，大概是不可能的。但是从使用的六个被整理出的松散的登记表的方法中，获得的利益是什么呢？更紧迫的是，即使它的高额交易费用能够接受，但这个系统能被创造出来运行吗？

拯救墨累河工程计划正在执行，尽管在（工程计划）的上下文中记录的数据可信度是非常低的，但对在系统的部分环境进步作用方面，并没有因其他地方使用水的增多而受到侵蚀，虽有信心，这也是很困难的。被用于管理墨累-达令河流域灌溉区域水运动的许多程序和各种不同的装置，在扩张的时候被快速发展；当优先权要从刚建造的崭新的水库那儿分配到尽可能多的水时，那些制度安排不被设计成控制和测量（水量）的有效手段。除了在干旱时期，优先权界定是不同的，对于竞争性使用的（水量）配置被细微计算出来，却促进了（优先权）使用和发展。水的交易是用来做出有效配置的主要机制之一，这需要精确的技术上和管理上的能力，以反映交易情况，并使水分配系统运行得相当的好，即如何（顺利运作）减少一些地方的配置和增加其他地方的配置。在比较早的优先权情况之下，对于水体要求的压力比现在少得多。然而，在许多区域中，正在求证如何把监测和管理的效率水平增加到所需的标准，以适应现在创造新的环境所面临的困难。

由马斯登·雅各布顾问为墨累-达令河流域大臣议会准备的，并发表于2005年的一项报告中，把低质量的数据监测看成是破坏墨累-达令河流域水管理有效的一个严重问题。比如，备受关注的资金限额问题，发现：

> 从整个墨累-达令河流域来看，这些报告系统倾向于州和地区，没有用全面的、一致的或者综合的方法保证资金限额。报告没有可靠性和有信心的方法来关注这些地方。结果，问题出现于系统接触面，而且对于有关风险的超前理解必须认同，且逐州、逐流域（墨累-达令河包含的各个小流

域）地建立起来，然而，更多的基本问题还包括：

- 大量消除的测量错误和穿过墨累-达令河流域的河流抽水问题。对于测量完整性的一些较大的风险，总体上要比一些较小风险或次重要的项目优先，但也有更明显的其他风险；
- 国家层面的或墨累-达令河流域范围的标准相对缺乏。与其相关的，例如，可允许的错误的最大限度、在（水）转移方面大量消除的测量河流抽水误差、或者对于标度的需要等问题；
- 已存在的关于资金限额的报告草案的错误，列出了各团体和资金限额的义务和职责。

结果：

审计已发现了在表现承诺和财力方面，政府之间的变化中，十分缺乏一种设置，即有关测量、报告及会计系统中的一个基准。[26]

总结这些项目的含意，主要是：

测量方法上的错误并不仅仅是一个单独影响资金限额完整的问题。这个错误有一个普遍的影响，就是破坏了估价系统和政策导向，如：

- 水的利用效率；
- 河流运转的管理；
- 设置资金限额及目标包括基于水文学模型的数据等；
- 用于环境和消费的水的购买；
- 对于环境，关于第三方的和生态学方面的影响、估价。[27]

换句话说，没有合理的数据和监测，这种意味深长的管理是不可能的。由于这些问题存在而产生了困难，我们必须要认真对待。拯救墨累河工程计划正在执行中，而且是在一个环境平衡和资源安全继续衰微的比较宽容的情况下进行的。然而，赫然出现在墨累-达令河流域的气候变化，大臣议会已经委任了许多的研究，以提供更多的关于这个问题和其他如此受到威胁的信息。有关这一种类的预言（如有关气候变化）的误差容限必然是非常大的，但是这已经是明显的了，将需要对于墨累-达令河流域基础的水管理的再评价提前（由于气候变化的加剧影响）。

在现行的情况下，墨累-达令河流域中河水的流入量一年大约是 240 000 亿升。大约这个流入量的一半被转移用于灌溉和诸如工业、城市水供给之类的其他用途（在这个区域内，灌溉占了多于全部转移的 95%的比重）。考虑到蒸发、渗流损失等等，使用现行技术，抽出（用于从河流中提水灌溉或城镇用水）水量已接近最大可能的水平。在这个计划中已经有 7 亿美元被分配给了拯救墨累河工程。然而，为大臣议会准备的报告预报，这项工程的好处将更会被在未来几十年内，减少的流入量及许多因素所抵消掉。

由墨累-达令河流域部长会议委托的关于对流入量的未来风险评估的研究，已经关注了气候变化和那些将会由农村塘坝的增多、新的耕地计划、森林开发计划、增加的地下水抽出改进河道（抽出地下水补给）水流量、灌溉管理所导致的影响减少等。鉴于这些因素，一项主要在 2006 年初发表的《澳大利亚联邦科学与工业组织研究报告》预言：在未来 20 年内，在 25 000 亿升和 50 000 亿升之间的溪流流入量会减少。这个情形不要期望用来维持稳定，并且关于 21 世纪中期的预言指出，达到 45 000 亿升到 90 000 亿升这一数量的流入值会减少。[28]一个含意是水管理经营者们将不可能商议：作为一个一次性的程序，水在环境和生产之间的分配。这个系统将必须具有持续不断的调整能力。另外的一个问题是，大部分需要用来回应这些受到威胁的管理选择权，超出了现在的墨累-达令河流域制度结构的范围。

上述举例说明了关于墨累-达令河流域的现存的制度安排的情况，鉴于接下来的情节，一是对现在维多利亚州和新南威尔士州正在认真考虑的事情的落实；二是解决在南澳大利亚州被列入墨累-达令河流域协议的 18 500 亿升的正常权利和溢出边境水量问题（而这与刚好在 50 000 亿升以下的平均水量之间的差别是很大的）。* 当资金限额过程限制了被用于人们消费、工业和农业的用水量时，墨累-达令河流域协议或其他赞同的政策中，没有任何关于需要两个上游的州补充超过边界的最小水量的。这意味着大约 30 000 亿升的水量（这个数值是非常大的），在维多利亚州和新南威尔士州这两个流程之间可以被用于环境目的。

对于这两个上游的州而言，这会产生环境的改进并会缓解政策压力，减少分配给灌溉者以实现此结果。一个典型的用途会是抽取“环境水”到河流湿地，并让它慢慢地回到河流中。考虑到每个用途的损失和增加的盐分以及营养物，当它穿过泛滥平原排出时会被获得，这会（理解成）允许一个假设的环境水分配被多次使用。这将导致上游各州得到相当可观的环境好处，但是，可能造成南澳大利亚州严重的环境退化。

盐度审计中预言的盐度水平，是假定在没有上游各州资金限额内的所有的水穿过南澳大利亚州边境。然而，更小的流量会减少对渗漏的咸地下水的稀释，维多利亚州和南澳大利亚州的小桉树林明显地造成了在高程比较低的地方的盐度增高，与盐度审计预言的相比，它也会大幅减少低水平和中度水平洪水的频率，进而毁坏南澳州的墨累河泛滥平原。根据资金限额的五年回顾报告，现在溢出边境的水量刚好在 50 000 亿升平均值上，导致墨累河河口大约 28%的流入量减少，与先前的发展情况相比，这一减少已经增加了较低处湖泊周围地区干旱年的出现频率，并从 5%增加到超过 60%。减少溢出边境的水量到 18 500 亿升，会使境况更糟糕（即使少于 8 000 亿升的水量被转移，为了南澳的农业、工业和人们的消费，除了潮汐活动，在来自墨累河河口水量

---

* 这个数据是基于上世纪的流入量；最近几年几乎没有来自墨累河口的流入水量。

的流入之前，在州边境超过 20 000 亿升的流入量是必需的)。

在 2007 年 1 月，由总理新计划的安排之下，这种（河流）动力学的情形将会发生重大改变。现存的安排会允许维多利亚州或新南威尔士州对于部长会议的任何决议行使否决权。对于墨累-达令河流域整体而言，将会改变未来联邦政府现在负责管理并存在问题的结果。

第六章　联邦战车的巨轮

在澳大利亚水管理的历史上，（不能忘记）一个伟大的人物即维多利亚的自由人士阿尔夫莱德·迪肯，比起其他任何人，他对建立这个基本原则贡献更大：澳大利亚政府应该去控制水管理，它是“全国水试点”计划的基本前提。在1902年，作为一个关于澳大利亚公共事务的一个正规回应，他以匿名的方式，为英文报纸《早报》，做了一个关于澳大利亚联邦的未来的预测（那个时候，他是总检察长并即将成为总理）。这个预测正在许多方面得到证明，不仅仅在水管理方面：

> 由于已经在大不列颠建立的普通法的权威的缘故，它最终也将在澳大利亚确立联邦的权威。州政府的权力应该得到宪法的维护。宪法在法律上给了他们自由，但在经济上他们却被绑在了中央政府的战车轮子上。他们的需要将是它的机遇。人口越少将越早就范；因干旱或类似的不幸而遭受重创的地区也会跟随；最后，连最大、最繁荣的地区也会无奈的屈服。我们的宪法可能维持不变，但一个重要的变化将发生在国家和英联邦之间的关系上。英联邦会控制整个澳大利亚国家……[1]

短语“受制于战车轮子”，不会使迪肯的经典话语使得受过教育的读者群消失。当从战场上回来的时候，按照传统，胜利的罗马将军们会被给予一个凯旋入城式，或是一个庆祝的游行，带着他们的军队通过罗马的中心地区。在这些事件中，被打败的军队的领导者，作为一种展品，被要求从征服者身边走过，然后被绑到它的战车车轮上。在游行结束的时候，他们经常被迫为人群提供更多的消遣。迪肯预料的权力运动无疑已经发生了。但是，也有一个坚强有力的论据认为：鉴于形成对于地方自然资源有效统治的复杂性，州政府们仍然会发挥重要的作用（即使角色缺乏自主性，他们将可以理解地选择）。

在最近几十年中，无论是被迪肯认识到的金融动态还是与大量宪法条款相关的高等法院判决，联邦政府来主宰国家，以至于很少人可能会想到在当时的联邦。联邦的权力在多大程度上存在，以及如何被使用？在其各种表现形式中，水受限于与财产和环境相关的法律和政策。在这两个法律领域，联邦的作用已大幅扩大了，因为联邦关于环境问题和高等法院的判决，宪法律师朱迪思·琼斯最近得出结论，认为：

> 尽管对有关环保事项没有一个具体的负责人，但法院通过对有关贸易和商业活动的权力、财税权、公司的权力和对外事务的扩张性权力的解释，已经使这个问题清晰起来：作为联邦国家有广泛的权力来颁布法律处理环境问题。[3]

直到最近，它才是一种广泛持有的信念，即联邦已极少或根本没有宪制权力，以处理环境问题，如有关水资源问题。琼斯认为这种观点的流行缘自英联邦过去并不广泛的使用能够使用的权力。鉴于总理的为农村水利改革的 100 亿美元计划，正在使这一情况发生变化。

联邦拥有大量有关环境的宪法权力的事实，被“参议院有关环境、通信、信息技术和艺术等委员会于 1999 年所作的针对联邦政府的环境权力的调查”所证明。其报告中指出：

> 该委员会认为，联邦政府拥有宪法上的权力，包括通过立法，对澳大利亚的国土内任何的大多数区域重大的环境事项去加以规范。[4]

为说明联邦有权在环境管理上发挥积极作用，参议院委员会的报告列举了一些已经使用的权力。这些权力包括：

> 贸易和商务的权力［第 51 条（i)］、财税权［第 51 条

(ii)]、检疫权 [第 51 条 (ix)]、渔业权 [第 51 条 (x)]、电力公司 [第 51 条 (xx)]、比赛权 [第 51 条 (xvi)]、对外事务的权力 [第 51 条 (xxix)]、附带权力 [第 51 条 (xxxix)]、公共服务 (第 52 条)、海关及税务和悬赏 (第 90 条)、财政援助的权力 (第 96 条) 以及领土主权 (第 122 条)。[5]

詹姆斯·克劳福德是另一个法律评论家，他认为英联邦国家的关于环境的宪政权力被严重低估了[6]。在 1991 年写作的《悉尼法律审查》中，他评论说，有两种澳大利亚宪法，一个是理想的，另一个是现实的，前者比后者更加流行。他写到，理想宪法的一个重要的要素是这样一个信念：州保有自然资源和环境事项上的宪法责任。他解释说，"然而，真正的宪法责任被分担了，尽管联邦的权力尚未得到施展。"按照克劳福德的观点，宪法赋予联邦的权力，再加上比较好的解释原则，使联邦拥有对环境的非常强大和范围广泛的权力。[7]

支持联邦财政权的其中一个主要来源是宪法的第 96 条，它使中央政府有权决定是否给予与州相匹配的所需要资金。这项权力已经被用来影响州在很多事项上的行为方式，而这些事项先前被认为是受州独自负责的。[8] 此外，至于直接花费，联邦政府也有许多灵活性，而这是被用于资助各种各样的与环境有关的活动。

有关对外事务的权力，另一个众所周知的来源是它可以被用来处理环境问题。然而，克劳福德强调，它是受到很大的限制。例如，达成这样一个协议是不可以的，如果目的是使获得某一个领域的权力，而这个权力原先是被联邦排除的。高等法院已预留有权审核这方面的条约和协定的权力。进一步，基于对外事务的权力的立法，不能超出为实现条约的目的所需要的范围。正是出于这个原因，斯坦福·克拉克曾辩称，对外事务的权力，大概不能用来支持关于一个大型的墨累河的环境项目。如果像事实上那样，河流总共所需要的资金，超过了支持“国际拉姆萨尔协定”所规定的湿地所需要的，[9] 克劳福德预测说，不过，由于制定的有关事项的条约的增加，如全球变暖、森林砍伐和枯竭臭氧层等，对外事务的权力将会是联邦政府环境权力的一个不断扩大的源泉。[10]

克劳福德还就其他一些与环境管理相关的权力来源作出了评论。由于弗雷泽岛矿物案件中，联邦政府成功阻止了其出口：

> 议会通过允许或者禁止的方式，规定了任何行为的对环境的影响。包括即使法律的应用会发生的一些时候，如采矿、加工或任何其他行为。[11]

克劳福德把收税的权力描述为另一项重要而潜在的支持联邦行动的源泉。该税适用于澳大利亚全国范围和不歧视特定州（如果活动主要集中在一个州，它显然不应该成为一个问题），联邦可以对一个环境有害的活动征收非常高的利率（税）和允许扣除赞助活动的支出。[12]联邦亦可对产品的质量进行控制，这可以用来实现环保的目的。此外，国家当局可以立法控制直接给联邦领土及在邻近州影响联邦领土的行动。这一点与澳大利亚首都特别行政区特别相关，它在墨累-达令河流域的范围内，被新南威尔士州环绕着。[13]

宪法的另一个重要领域是公司权力，其中涉及贸易或按照澳大利亚法律形成的金融公司，连同在澳大利亚的外国公司的所有活动。塔斯马尼亚水坝事件披露，其范围包括国有公司，如塔斯马尼亚的水电电器公司。写作于 1991 年的“克劳福德声明”说，目前还不清楚联邦的权力是否仅仅限于贸易活动，或者是否延伸到这样的公司所做的一切。更广泛的看法，可能占上风。他以为，因为这是更符合宪法解释的既定原则的。克劳福德所考虑的这个问题的第二方面是：贸易公司是否必须是一个主要从事贸易的公司（能否以其他为主业）。他的结论是，鉴于大多数公司都有一个贸易范围，要求他们在某阶段向某人出售东西，所以这项权力很可能最终会控制大量公司的交易活动。[14]由于近期高院针对选择立法工作的判决，表明这种潜力已被大大加强。[15]

近年来，联邦和国家的宪法权力，在很多方面越来越重叠。这导致需要更多澄清的地方和职责分工，但政治家又是科学家的布莱恩·加利根不同意这种观点。按照他的说法，联邦和各州的这种权力共享是联邦制度一个积极的和基本的特征，这会推动协商与民主行为。[16]加利根说，“这种并列是牢牢根植于澳大利亚宪法的，表现在联邦和州之间进行的分权方法以及在征税、花费上的分配方法等。”* 在联邦责任范围内的大部分事项都列在澳大利亚宪法第 51 条里。这些都是并行的，包括对外事务、退休金、外国人、入息税、普查及婚姻和许多其他方面，在实践中现在完全是由联邦负责。相比之下，在《宪法》第 52 条中列举的事项，它被用来处理联邦政府本身的构建问题；涵盖货物税和关税的第 90 条，被确定为联邦的独家责任。

按照加利根的意见，与 52 条相比，针对第 51 条缺乏独占性的任何疑问都是谨慎的，会被第 107 条排除掉：

> 议会（包括已经成为一个州的殖民地）的各项权力，除非它被联邦宪法排他性的授予或者从州的议会中撤销，否则将继续作为联邦架构或者州架构的一部分（事实上如此）。[17]

因此加利根得出结论认为，很多权力明显重叠的事例，并不是被看作应该处理的意外事件或错误，就像联邦制度的支持者所争辩的那样，而且应该更加努力使这些重叠的机构工作得更好。[18]几乎没有其他领域比墨累-达令河流域更适合这个建议了。这个领域的政策发展到现在，包含复杂的交叉，如在大量的个

* 大体而言，一个协作的联邦制度，将权力分配给一方或其他政府，当在并行系统中，两个层面政府负责同一个问题，可能在冲突事件中一方比另一方占有优势。在实践中，所有联邦系统在不同程度上把两种元素结合起来。见盖勒根的《一个联邦共和国》，第 192 页。

人、团体、组织和机构，包括各国政府之间。而联邦和州的管辖权是焦点，围绕着它，相对的利益团体安排自己的事务，而作为成员，从一个到另一个，都做着关于结盟和如何促进自己的目标或者组织其他人的目标的策略性的决定。实际上，这些决定并不是通过一个自上而下的过程制定出来的，而是一个相互作用的复杂的循环体的产物，在这个循环体中，参加者有着不同的影响力，但没有一个是支配性的。

联邦政府供应了大量的自由决定的资金，给各种不同的受助人，但通常要依据“可以解释得通的”一个间接过程来影响执行情况。各州政府尽管拥有相当大的直接调控能力，但受有限资金的制约。* 研究机构和研究与发展公司提供的研究结果表明，有些公共的争议，为了提高某些职位，甚至为他人抹黑，有时转移基本假设条件；而这些辩论是以基本假设为基础的。集水区域的机构正式隶属于州政府，而且拥有独立法人地位，他们的大部分资金来自联邦，他们的议员代表有稳定的程序进入州议会及联邦国会。当以灌溉为基础的农业成为公司化和更多商业导向时，在政治上更加活跃的是工业界组织和大公司，他们的表现正变得越来越活跃。

也有一些非政府机构，如全国农民联合会和澳洲保育基金会表示，政府需要他们的支持，为了得到主要的项目资助，他们可以影响更广泛的选民团。此外，当地政府机构，虽然基本上被环境政策制定者忽略，但有些计划的权力，在地区一级还可以发挥决定性的作用。而社区的成员大多被排斥在这些交流之外，他们趋向于间歇性的参加，但当被激活的时候，可以成为一支决定性的、不可预测的政治力量。

---

* 在联邦制度中的各自的不同立场，往往使两级政府采取不同的方式。事实上，很少有一方政治实体能在墨累-达令河流域的六个管辖区都掌权。所以，思想体系的不同也是非常重要的。

联邦制鼓励发展上述这种决策制定模式。墨累-达令河流域中的决策发展的历史与澳大利亚公共生活的许多方面的历史并行。随着更大合作与协调压力的强化、联邦政府财政权力的增长，州政府不得不调整和修改他们的目标。更紧密融合的必然性使得他们勉强接受，现在他们调动最大竞争优势，而不是独立，但排除干涉。但是，州政府继续寻找许多不同的方法来抵制、转移和削弱联邦的权力。这是否使"协同联邦文化"促使了产生僵局的可能性，同时搅乱了反复的商讨和使行为无效果？或者，换言之，它所创造的权力扩散是否有更大的诱因去鼓励谈判、创新、辩论和更积极地去维护公民社会的利益[19]？这些长期的问题所造成的矛盾，使得人们不得不在墨累-达令河流域工作（提前形成协议）有章可循。

在某些方面，21 世纪早期的情况和 20 世纪初期相似。在经历了总理的 100 亿澳元农村水利改革计划，水资源管理的未来再次出现非常混乱的局面。在早些时候，各管辖区最终接受了"都有足够的力量去阻止别人做任何实质性的事情"的事实，但在没有威胁和严重干扰情况下的实施是不够的。尽管不情愿，他们最终通过谈判达成政治妥协，虽然从长远来说，这是不够的，但在接下来的几十年中，却有实质性的成果。

本质上，这仍然是在本世纪初的形势。联邦拥有很大的权力，但充分的程度目前还不清楚，特别是考虑到高级法院可能对宪法第 100 条的解释。在另一方面，州仍然有权力来阻止和搪塞。就像在 20 世纪初的事实那样，环境是适合于妥协的，但鉴于在墨累-达令河流域中日益增长的压力，现在往往不可能摆脱失败的厄运。

最近的一份报告显示，关于通过谈判的政治解决办法，是有潜力的而且需要的。报告由澳大利亚国家审计办公室和维多利亚州审计长办公室出台，内容是关于区域集水管理的。在 2004 年底，澳大利亚国家审计办公室发表了一份关于为了国家盐度与水质行动计划的绩效审计工作的报告，这是一个依靠地方实体实施的项目。[20]报告说，审计认识到了国家盐度与水质行动计划的积极方面，并表示出了关注。由于花费严重不足，在实施开始之前，州之间迟迟未能达成被要求的双边协议而导致长时间的延误。尽管提供了延误的理由，如果像这样的项目将一个一个地谈判的话，时间的长短显示着有相当大的交易成本的可能性。

一个 4 年到 8 年的项目，涉及 34 个地区中，只有 62%会有准备妥当的计划；一个重大弱点就是机制问题，通过它，国家项目才可以通过地区权力实施质量控制。审计发现该计划存在明显差异，在质量上，部分是由于一些地区无法获取足够的数据。它还强调，一些地区需要更多的援助，除了进行自己的业务外，“这应包括更清晰的符合国家水质准则并遵守有关的法律规定的建议”。[21]

审计署质疑，在一些计划中，标底是否够强劲，关系到抓住关键或扭转颓势，在部分流域的一些计划中，对于被指定的对象来说，提出的行动（如工程量、质量控制等）是否是足够的。[22]审计还感到关切的是“业绩报告是根据估计而非实际表现”，并建议加强考核和质量保证程序，以突出战略重点，并降低交易成本。此外，有人认为，公司治理安排应得到加强，以配合风险的程度，“特别是管理潜在的利益冲突，如关于在改善质量一致性的输出报告上”。[23]

纵观总体情况，它的结论是：

> 在区域的层次，如果该计划的风险要得到有效管理，所有利益相关者的强有力的和协调一致的行动是必需的。特别是，有大量的剩余资金等的管理风险。新成立的以社区为基础的组织，有责任为客户提供具有挑战性的成果和管理澳大利亚政府的大量拨款。[24]

在编写的这份关于国家盐度与水质行动计划的报告中，澳大利亚审计局针对读者想要的更详细的财务和治理过程等情况，解释道，关于在区域一级上，最近由维多利亚州审计长办公室编写的一份关于对集水区域的管理报告中提到（在州备案）。[25]维多利亚的报告提出了一些说明，关于州政府可以在发展地区性集水区的管理框架中发挥作用，资金主要由联邦提供。研究国家审计局和维多利亚州总审计长办公室的报告，一些分歧会显现出来。[26]比起那些维多利亚州审计长的办公室的报告来说，国家审计局的分析和建议必然更为通用，因为它们适用于 6 个州和 2 个领地（澳大利亚首都地区和北部领地），他们每一个都有自己的立法。

实现遵守国家策略的主要机制，表现在是否有一种激励提供资金并应用于管理上。管理这类项目在细节上，对于联邦机构来说是困难重重的。在许多情况下，他们没有详细的知识、经验和所需要的监管能力。维多利亚州总审计长的报告在另一方面揭示了潜力的不足，因为州政府机构的参与所造成的仅是更细微的监管。这表明，州政府可用来施加另外一个层面的影响，即新兴的联邦政府与地区集水之间的关系。维多利亚报告的建议说：州政府对区域集水的管理在许多方面都应有立法性的控制。就比较联邦的强大而言，是既小而且又遥远的威胁，通过不提供资金来影响地区行为。州政府可以制定严密的审计程序和适用范围广泛的规管措施和压力，以减轻企业责任，改善治理和监测各种实体的履行。

具有令人印象深刻的印象是它（指维多利亚州的报告）被州政府控制并用来表现审计和改善区域集水群的，此外，他们也有更多的详细的有关体制方面的安排。实际上，这些在不同的司法管辖区内明显存在差异。就像各种地区实体的成员的性质那样，一些人被选择是基于技术，另一些人是基于和利益相关者的联系，资金则是另一个变化的来源。在南澳大利亚州和维多利亚州，区域机构也有运用权力筹集资金，尽管自从该州 1999 年选举以来，维多利亚的资金安排已经暂停。[27]

还有许多其他方面的差异，但上述情况叫人清晰看出一些艰巨任务的端倪，如果他们得不到与他们竞争的丰富资源（如州的某些机构）的帮助的话（不能假设这类机构的存在与否及其他可能性，主要是由于近期在一些州管辖区内的成本削减和体制改革风暴），要贯彻落实联邦政府机构的国家计划还面临着一些任务。复杂性的另一个原因，是许多区域组织的多样性质。他们的董事局由志愿者和来自各种背景的兼职的成员组成。他们不得不资助短期行为计划并占很大比例，同时带来了很高的交易成本。涉及交易费用高，所有因素都鼓励专案（指专门项目，时间短见效快的）和机会主义倾向的管理。

权衡之下，虽然联邦政府有大量的宪法权力，但是直至现在，为完整区域一级的集水区管理，他们没有得到足够的权力以支持从行政上直接接管州以及一个强加而连贯的协调系统。在很大程度上，联邦的权力，就像他们已经被激活的那样，允许它阻止或选择性资助特别活动，但不会远远超出界限。在这个阶段，其宪制上的权力，似乎是不足以支持任何一个独立的努力，去重组那个按照第一原则工作的整体制度体系。就像总理建议的那样，州政府同意将对这些问题的宪法责任转让给联邦是可能的。另一种选择是，州同意通过平行立法，以创造一个新的区域集水制度，以响应联邦的资金承诺。这个立法策略被用来实施 1914 年至 1915 年墨累河水域协议、1992 年墨累-达令流域的协议和在公共政策的其他方面类似的安排。

有一种强烈的感觉，那就是当前的形势是一片混乱。在过去的十余年间，在某个时间的集水区管理的任务变得比以前更加复杂，州的机构把许多责任和一些权力转移给地区组织。如果水管理要与期望的相匹配，其体制能力将需要迅速发展。同时，当政府讨论做什么的时候，在机构、实体和地区组织中工作的人们，将不得不尽可能地使现存的制度运行得最好。

墨累-达令河流域协议的充足性

丹·布莱克墨尔，作为2002年的墨累-达令流域委员会行政长官，就在他退休前的一些场合，就公开反映了在墨累-达令河流域中应用跨区管辖的充分性。在2001年，作为澳大利亚广播公司的阿尔夫莱德·迪肯系列讲座的一个投稿者，他对自己根据现行的安排取得的进展进行评估。他说，水资源利用上的增长已经停止，研究者、政策制定者和管理者们现在都努力地确定什么是可持续性河流以及什么样的流动是必要的。对盐度管理的战略性方针替代了已经开始引进的综合集水区管理。到目前为止，“我们才刚刚了解表面的现象”（针对上述提到的问题）。随着农业系统的发展，从而通过把植物重新纳入景观规划，能够提供一个合理的收入和控制补给。本人现在已接受陆地上的生物多样性是重要的这个观念，但是不支持现存的有组织的方式和以商业的方式去完善它（指生物多样性，主张通过自然完善），他认为，政府继续认可我们和地方社区委员会的能力是理所当然的。布莱克墨尔也评论说“我们不能再继续推动研究议程，仅仅围绕一个农民和一个银行经理的关系来界定持续性”。[28]

在同一次发言中，认为能力超越了目前的成就，当谈到现在的组织安排中工作时，他指出：

> 墨累-达令河流域协议基本上是一个政治倡议。如果没有积极的政治支持，它将会回复到一个狭窄的墨累河的焦点上。至今，已经有两党的支持，其提供了巨额的收益动力，在过去十五年已经实现。我们现在正处于这样一个地步，对未来所有的州，此时不可能交付“双赢”的结果。如当前针对雪山地区河流的水环境、植被的清洁问题的管制。昆士兰州的资金限额，只是问题的几个范例，它撕扯着政治承诺的因素，有必要来管理全流域，而不是更窄的重点州和区域的

> 结果。每12个月之内，至少有一个选举在州或联邦一级发生，在流域里，使成员稳定更为困难。这就告诉你，共享主权这是极为艰难的，如果有机会按照承诺来实现的话，这需要强有力的支持和领导。[29]

正像布莱克墨尔所描述的那样，部长理事会和委员会在一个政治环境中工作，使他们难以远远超出社会的正常做法。在澳大利亚大多数地区的生活和工作落实有稳定性，这并不是一个影响实际行为的目标。期望部长和委员们转换到这样一个方式来，即把有限比例的时间投入到墨累-达令河流域中，这是不切实际的。此外，还有政治上强加的制约，由于频繁选举和在这两个机构间的很高频率的人事调动。因此，把他们作为重大创新的一个可能的来源，可能是现实不了的。

展望未来，布莱克墨尔评论认为，要解决的问题并且对于所有的州都是“双赢结果是不可能的”。这份声明有大量的含义。首先，它表明，在过去要取得成功，是由于威胁。任何政府可以运用否决权，当提案已设计，使各方有所得，马上可以显示是一个胜利；对于他们的全体选民来说，孤立认可的谈判都会导致每一位参与者宣称能否有明显的利益。但至今对于一个管辖区，要搞好平衡，考虑到各方面，从中期来看，仍然是不够充分的。这就有效地排除了那些关于包含整个地区的全部利益的决定，而是使每一个区域都付出一定的代价。同样，如果每一次谈判最后结果必须惠及全体司法管辖区，这也排除了那种为了一个管辖区的利益而残酷对待另一个地区的错误。

布莱克墨尔的讨论，认识到的情况是在所有事例中必须跨越的，所有结果对每一个司法管辖区都是“双赢”的，这个讨论对墨累-达令河流域未来体制的安排具有深刻的影响。考虑到使部长和委员们从长期的眼光来看待问题，有非常困难的压力，从目前看，并注意到较少内容的学习，对于部长理事会和委员会来说较适合，尤其在成员调动和选举权敏感的情况下。看来有针对性而显著不同的安排是需要的，用来帮助部长和委员们提高和完善工作的能力，以处理棘手的社会、经济和环境正义等问题，以此促进全流域的发展。

推动变革的方法之一就是把所需要的改革融合在政策和立法中。所以，什么需要变？来自澳洲保育基金会的蒂姆·费希尔提出下列各观点，用以提交给生产力发展委员会：

- 协议的任何一部分都不具体涉及生态问题；
- 拨款的优先次序偏重于农业生产及生产力提高；
- 部长和委员们往往代表了他们自己的州的利益，而不是流域和社会整体的利益；
- 一个长期的潜在的紧张状态存在，即在那些把水资源管理和农业灌溉作为“核心业务”的那些人和那些寻求扩大议程并逐步走向流域真正统一管理的人之间；
- 资源的可运用性，对于全流域的项目立项来说，远远低于所须做的工作；
- 在执行流域项目的宗旨上，州的执行行为并不以任何的方式被监督或者评估，并且资金支持不是以执行情况为基础的。[30]

同样，在2001年，澳洲保育基金会的斯图尔特和新南威尔斯环保卫士办公室的蒂姆·霍尔顿争辩说，墨累-达令河流域的协议应该重写，以反映对包括在21世纪议程里的和大批联邦国家和政府的政策中的环境问题有更强的关注，以便处理这类已获批准（并提到日程上）的问题。既然墨累-达令河流域协议是在20世纪80年代末和90年代谈判签订的，[31]布兰奇和霍尔顿特别批评了它的缺失，即应该（不断补充完善）设计有关政策以便用最好的科技实现环境的可持续性（这也是国家水试点的一个主要议题）。

按照布兰奇和霍尔顿的说法，该协议主要属于一个条约，侧重于解决（流域）狭小的州的灌溉用水和南澳大利亚州较低水平的盐度管理之间的水资源分享问题。与此同时，布莱克墨尔的评论认为：现行的研究计划，由于对（水资源）可持续性的界定问题被曲解了，而这个界定是由农民和银行经理的商业性的关注所主导的。在协议中，（可持续性）这个词汇被使用的方式倾向于强烈主张生产利益，并对他们（在协议中）所看到的含糊和草率的环境条约提出质疑。特别是，他们认为某些部门由于自发性，带着急躁去处理环境问题，例如，“命令：在他们的区域内，进行任何监管前，必须获得州的同意”。

在2000年和2001年，南澳大利亚州议会的选举委员会重新评估了墨累-达令河流域协议与管理实践，并提出了多项重大建议。[32]选举委员会的结论认为，目前墨累-达令河流域的管理中，有基于不充分的信息，是不可持续的。未来的管理必须是适应性的和长远的，以利用新的科学信息并得到运用。知识、技能、权益及司法管辖区等各领域的强有力的伙伴关系将是至关重要的，而且，如果可持续管理想要实现的话，不同程度的投资将需要增加。[33]

该报告认为，政府在墨累-达令河流域中面临的任务，在过去的一个世纪里已经发生了很大的变化。经营管理理念和水环境管理的体制结构应作相应的调整。它解释说，水分享经营原则一直没有发生本质上的变化，自从它们首次在1914—1915年间关于墨累河水域协定界定以来。结果是：当把重点转移到可持续管理的时候，尽管有许多的修订，但该协定表现出最近时候的资源开发，更接近前一时代了。尽管原则上受到部长理事会认可，统一流域管理还没有彻底纳入协议。[34]因此，在报告中评论说：该墨累-达令河流域的协议并未充分反映澳大利亚政府参议会在1994年农村水利改革计划中的总体思路（1994年澳大利亚政府参议会水利改革计划的继任者于2004年认为，当该协议与国家水试点相比较时分歧更大）。

实践中引入统一流域管理的需要，是南澳大利亚州报告的一个重大的主题。就这个问题，它提出关于墨累-达令流域委员会的南澳大利亚州分会和跨区组织的操作建议。特别是墨累-达令流域委员会，其组成人员和常委会要长时间地接受检验。选举委员会特别关注，根据现行的安排，委员们对他们的部长和委员会有双重责任。由于有冲突，他们对部长和民政司法管辖权的责任占主导地位，不惜牺牲一个“全流域”的看法。据该份报告指出，专责委员会收到的证据表明，委员会的规避应该更合适发生在部长理事会的政治辩论时。结果是，委员会倾向于发送给部长理事会的“只有那些它认为部长理事会将会接受”的建议。报告中把它描述为“不能接受”，并表示“一定要被淘汰”。相反，有人认为，委员会应提供部长理事会无惧的和不偏不倚的建议，即侧重于要实现对流域的自然资源的可持续发展。[35]

南澳大利亚州的报告认为，造成这一问题，至少有一部分是可以弥补的，因为它处于部长理事会和委员会的关系中。在 20 世纪 80 年代中期的体制的变化之前，墨累河委员会是专门针对墨累河流域进行的最高级别的决策机构。在这种情况下，报告建议指出，“它是恰当的，其成员是水管理机构负责人从各自管辖范围内选出的”。墨累河委员会的委员们提出和实施决策时，如果将只有一个机构协调跨越州界，对它们而言，在组织方面是明智的。然而，在 20 世纪 80 年代中期的变化之后，这已不再恰当了，因为该墨累-达令流域委员会的职责是更多咨询性的，因此颇为不同于墨累河委员会的职责。[36]

在专责委员会看来，组成委员会的成员应予以调整，以便它能够更好地履行其提供咨询的功能。专责委员会的报告，提出了对于调整带来的影响及变化。作为一个独立的负责人（根据现行的安排，已经准备就绪），要有目标的选择委员，需要他们在生态、自然资源管理、灌溉技术、工程、财务和商务管理、资源经济学、法学和区域发展领域的专业知识方面有所专长。它还建议有来自每个司法管辖区的一名高级官员参加，以保持机构之间的连接的不间断。此外，根据该报告，社区咨询委员会的主席和委员会的首席行政长官，应被列为无投票权的成员中。

另一个问题就是任命方法。对比现行制度，委员均由各州政府自行任命，它认为，任命过程应仿照于委任研究开发公司董事的具体规定方法，如联邦政府 1989 年初级工业和能源研究发展法案中具体规定的那样。要受限于法案中指明的那些限制，部长理事会主席要负责监督遴选过程。在这种情况下任命，委员们应有法律义务在整个墨累-达令河流域的最佳利益里行事。他们将不再把自己视为他们是（流域内河流源头）司法管辖区的代表，因此有责任对他们的选区内的事情做得更好，包括反对其他司法管辖区的竞争利益。

南澳大利亚州的报告没有建议部长理事会的作用和构成的任何变化，但似乎都适用于该理事会和委员会的评论中，在许多问题的决定上，它认为必须给予考虑并允许放宽安排。[37]这种建议的原因在报告中并未提到，但是争论这一变化的其他人选时，投票主要是为了增加理事会和委员会更快做出决定的能力，包括与现存制度相比之下有更大范围的（决定）能力。[38]

尤为明显的建议是：部长理事会和委员会应“负起责任和职责，做好自然遗产信托基金、国家行动计划、盐度和水质量管理之类项目下的环境和自然资源投资的管理和分配”。[39]关于墨累河的南澳大利亚州专责委员完成的报告，它指出了在众议院调查集水区的管理和支持这一建议后的几个月，一个特别征费将被引入资金环境改善计划。[40]

（上述报告建议）如能得到落实，南澳大利亚州提出为使运行决策的制定和管理更有效果，并进一步远离直接的政治压力，对这一方面，委任的与会代表有明确的法定职责，以实现界定的公司的目标。专责委员会委员想让它适用于由理事会和委员会处理的所有事宜，然而，有一个特别领域，他们认为应该有更大的、来自公开的政治压力的保护：即一项常常被看作通用术语“环境流动”内容的活动，包括达到环保效益的水管理。为了拯救墨累河工程即将建立的高度分散的系统良好运行，报告书建议成立水保护信托基金机构，并由一个独立的直接向部长理事会报告的水保护董事会来管理它。[41]

因为他们曾建议，对董事会选举委员的任命应指出使用的程序和义务，包括在初级工业和能源研究的发展法案中。除了环境分配的管理之外，其职能没有列明。但报告提议，应由一个设在委员会办公室的环境经理以支持工作。[42]这种定位将允许环境经理直接参与其他委员会办公室的活动，特别是墨累河管理的日常运作，因为减少对环境的伤害或提高流动管理的努力，这将是至关重要的。虽然没有明确的讨论，但似乎经理会有责任，独立的水保护董事会也要明确不同委员会的各办公室的管理责任。

在理事会和委员会中，促使环境流动的水管理任务，已经是一个敏感的问题了。自 1993 年以来，每年 1000 亿升的水资源已经被新南威尔士州和维多利亚州预留（每个州 500 亿升），用以人为调节，并考虑战略上需要，如在巴尔马-米兰瓦森林的使用。[43]在特殊情况下，政府可以从储备中“借用”和分配水给它们的灌溉者。近年来，新南威尔士州偶尔这样做，尽管有来自维多利亚州政府的抗议。它可以公平地说，没有试图去评估这次纠纷的对与错，在部长理事会和委员会的一些成员中有强烈的感受，即一个更正式的并从一般水管理中分离出来的灵活的制度安排是必要的，以利于保护环境和分配管理的完整性。

20 世纪 80 年代中期以来，政府作出体制安排并决定，采纳上述建议，建立一个全面整合的跨流域管理系统。之后在墨累-达令河流域，由每个自主行动的司法管辖区落实决定。由于引进综合的全流域的管理的压力已增大，不过，带来了机构改革的争论并不断地加强。

有关设计机构来管理水的复杂性，不是仅仅触及一些可能的与改革相关的问题，而且重设机构会变得很困难。这本书阐述一些观点，即除了许多其他的观点将需要认真地完成外，必要时还要作一部分详尽的调查。所需要的是一个基本的重新评估方法，包括现有可能的安排，但考虑到任务的本质和最可能的应对措施，还要再回到执行的基本原则上。诺丁·丹福斯早期的一个关于可持续发展的政策性问题的本质的讨论，强调在所有需要的特征中，能力非常重要，尤其是落实长期的规划能力。即在一个适当的空间上与问题相匹配的地域规模内管理，根据潜在的开端和不确定性来综合考虑预防原则，包括生态体系的连通性、复杂性和累积性，并保持道德和伦理问题的敏感性，培养开放和灵活的方法，以提高用来应对新出现的困境的能力。[44]

在最近几年，改革尽管缺乏进展（大多数的讨论都这样认为），但部长理事会还应继续加强与更广泛的政治制度之间的联系。迄今为止，注意力更多地集中在了关于委员会为主体的潜在的能源问题及协调上。不过，墨累-达令河流域的体制安排是根据各部门运转模式，产生了部长与组织负责人之间的紧密关系，这就形成了一个执行系统，即贯彻落实政府的日常决定，但随着时间的推移，维持一个一致的做法已不适合了。

在最近几乎所有的事例中，委员会和个人都提出了建议，然而，就墨累-达令河流域的未来机构的演变问题，他们指出了一些变化，这些变化会加强最可行的科学决定的进度，还有跨党派的支持，并保持长期一致性。促进这些特征的最明显的模式，是某种形式的公共公司，这是自从他们在19世纪80年代发明了世界上的第一个样本以来，澳大利亚人选择的一种体制形式。[45]如原先所设计并用以控制铁路系统（上述提到的公共公司），在一个时期内，当它们的发展受到无孔不入的政治干预的威胁时，他们并没有把澳大利亚政客的厌恶与长期未决的流行的偏好结合起来，对公营机构跨越私营，至少直到最近仍然存在。

一些澳大利亚最成功的公有制企业，都被一些具有显著法律独立性的组织管理着。在许多情况下，这些管理组织被建立用以管理（公有企业）已经是有很大的争议，以至于公众和政客们都想要将它们（管理组织）从主流政治的中分离开来。历史表明，在水管理组织下的许多相关主题，是在财务方面有联邦拨款委员会及储备银行支持的，例如，在它们建立之前，二者属于部长管理责任内的。

拨款委员会始建于 1933 年，一部分原因是受到西澳大利亚州的影响。这个机构与联邦政府由于财物上的不满而坚决要脱离政府的管辖。它采用了一套烦琐的模式，这套模式可以每年从资金雄厚的州转移数百万资金给那些薄弱的州。[47]这套体系被称为“类司法实体”，已被国家和各州政府所接纳。鉴于模式的复杂性，不可避免地在使用过程中带有一定程度的主观性，但最终呈现的结果很少产生疑义。但是，也会听到那些资金雄厚的州政府的频繁抗议，而实际上的抗议一般不会发展得太大，部分原因是：如果改变这种模式，需要征得联邦政府的支持，至少也得从那些获益不少的州政府那里得到支持才行。也包括其他真正拥有独立统计权的组织，如澳大利亚统计机构、澳大利亚秩序理事会、澳大利亚广播公司和澳大利亚选举委员会，最明显的当属司法系统。

相反，现行的墨累-达令河流域机构是一种截然不同的组织。其机构特点是需要政府高级官员的介入才能使改革生效。许多人认为，这种被一些人看作是政府承诺或威胁的机制并没有真正发挥作用。这也许说明了：为解决用政治无法解决的难题而创建一些脱离政权而又责任分明的机构正在增加的原因。

南澳大利亚州议会的专责委员会，在墨累河上对一些问题的反应似乎有些矛盾。一方面，建议委员会成员需要由更专业得多的人员组成，因为其在本质上应该是一个咨询机构，而且与其前任墨累河委员会比较，就应该如此；另一方面，又提出一个把各种来源的资金进行调整，而且要有一个更详尽的基础性的全流域的协调。如果没有一个具有高度管理职能并具有一定独立职能的委员会，很难看到这种系统在现实中能发挥什么作用。

1902年，在预见澳大利亚联邦政府体制改革和发展的可能性时，阿尔夫莱德·迪肯注意到了制度设置对人们行为方式影响的重要性。他认为，不同的体制会造成人们交际方式的不同，更可能或更不可能产生特殊而不同结果。沿着这条线思考，可能对国家水委员会的设计者产生极大的影响；而与每个官员或委员仅代表一个司法管辖区的墨累-达令河流域部长理事会和委员会则相反，国家水委员会的七位成员并没有表现出同样的诚意。其中的四位由联邦政府任命、三位由各州任命。每位成员都在为保护国家利益上有着详尽的分工。由六个州政府推荐出来的三位委员不能只代表任何一个州政府的利益。同样地，那些被联邦政府推举的成员，不同于墨累-达令河流域部长理事会和委员会的联邦机构的成员，他们并不是公务员或政府官员。虽然这种机制设计阻止不了一个支持其司法管辖区的委员们反对所有成员，但这使其（反对产生的结果）成为更加不可能。

在本文中，考虑墨累-达令河流域事务的法律研究员和长期观察员——桑福德·克拉克的工作是很有意思的。他的基本观点是一个信念，即联合在墨累-达令河流域各司法管辖区之间的机构，文中“联合”意思是以良好的意愿、信念及愿望来进行协商，从而找到共同获利的解决方案。克拉克认为“联合”已经被诸多因素破坏、侵蚀掉了。除了“管理主义”的增长，其焦点是进程如何，日趋不被重视的专业知识和已经成为部长及委员们的快速更迭的定律。

有一个坚定的推断，在克拉克关于这个主题的著述中，这个主题使委员会自身并没有获得什么知识，因为一个重要的原因是这个法人团体已经使墨累-达令河流域内所有观念丧失。[48]文中还提到了不同的政府机构，之所以想避开“把此类机构定型为大众公司”的原因。他们可能害怕联邦政府会用手中的职权掌控公司事务，并在操作委员会事务中单方面行动。另外，如果委员会成员拥有公司主管职责的话，他们会按照法律规定的义务，团结起来争取整个集体创造最大利益。如果两方产生分歧，不允许代表以自身的权力为各自所代表的团体谋利。此外，作为公司的主管，他们需要对委员会所关注的事宜有清晰透彻的了解，并有责任独立对事物进行决策。这样就禁止了他们只按部长的指示来指导工作。

有意思的是，虽然委员会不承认其法律特性，克拉克对此提出质疑，因为从其享有的权力来看，它现在有可能就是一个一般意义上的执法公司实体。[49]这种看法显然已被出席部长理事会的不止一个政府证实其正确性。这些政府获得了独立法律意见权。结果是，即使不改变现有机制，墨累-达令河流域委员会的法律状况随时都可能成为一个难以解决的问题而突然出现。

为回应部长为墨累-达令河流域所提出的建议，把过去的各种提议，特别是桑福德·克拉克的提议加以综合，并规划出为解决联邦政府压力的一个新的机构体系是有可能做到的：

（1）代表权从不同议会产生，以便部长理事会可以改变墨累-达令河流域协议，作为对建立一个整合集水区的完备系统的需求，合适的管理也因此可以变得清晰化。

（2）每个司法管辖区都要建立法规，使得理事会和委员会的决议能够在联邦政府和澳大利亚首都管辖区实施。

（3）墨累-达令河流域委员会会假设某种法人身份，至少可以根据恰当的资格选取一些委员。根据法律规定进行决策，在墨累-达令河流域协议的原则下提出建议，考虑整个墨累-达令河流域的利益，而不是代表来自司法管辖区的利益。

（4）置换原则。所有的决议应该与理事会及委员会的主要投票保持一致（不需要普遍通过）。

（5）在墨累-达令河流域协议中实施一种与部长和委员联合的捆绑责任机制，致力于用最可行的科学知识，实现环境的可持续发展。

（6）一个更可靠的资金来源，如用环境保护税来代替对现有的短期拨款的信赖，拨款依赖于加强现有环境规划的资产售卖。

（7）对全流域的政府项目的综合管理，诸如对墨累-达令河流域的环境条件产生主要影响的国家盐度和水质行动计划、国家遗产基金会之类的政府项目等，它们的组成和管理是部长理事会的直接责任。

（8）成立一个强有力的社区咨询委员会，深入社会基层为墨累-达令河流域提供信息。

（9）国会及委员会的所有报告、建议及决策，力求做到对外公开。

（10）公众有问题提出，可以提交到国会。

（11）创建一个严格的现行环境统计程序与国家竞争支付类型相联合的机制，作为对部长及各级官员创建可持续发展的环境计划的法律义务的补充。

（12）建立一个委员会办公室，帮助确定经过整改后的国会、社区咨询委员会及委员会所应承担的越来越多的责任。

沿着这条线的改革计划会产生一个制度系统，此系统可以把活动转移到他们能被最有效地管理的水平上，如果没有政治界限的扭曲的话。如已经讨论的那样，随着现存的墨累-达令河流域协议被每一个司法管辖区平行通过的统一的立法来落实它。这会避开大部分可能出现的宪法问题。

对无异议的决策的制定及需求的废除，会打消任何单个政府否决理事会和委员会决策的能力。无异议的规则是允许一个司法管辖区行使否决权，尽管所有的司法管辖区都强烈地支持。在如此的情况下，意见不同的司法管辖区并无压力去商议、作出让步或甚至证明它的立场。作为一个无异议规则实际上能运行的方法的例子，如桑福德·克拉克已经注意到被新南威尔士州拥有几十年的否决权，它阻止了关于墨累河系统里的盐度问题的讨论。一致性同意原则的废除并不必然意味着采用简单的大多数。一个必要条件，即假如决议被4/5的司法管辖区（排除澳大利亚首都特别行政区）支持的话，会迫使任何持异议的司法管辖区去游说，争取至少其他一个的支持，而且大大地改变了在部长理事会和委员会里的推动力。创造一个更开放的司法管辖区之间的结构的努力，可以建立在这个基础上*。

与联邦接管的模式不同的特征是，作为一个团体，各州会继续塑造政策发展和决策制定，加强他们对于部长理事会的多数控制。联邦政府是在对手之中唯一的一个，由于它掌握对大部分基金的控制权，也许比其他的更注重平等这一点。此外，每个州仍然会保有选择权，至少在原则上，对于从全流域的制度结构中撤回，他们应该变得对整个系统不再着迷。

对于任何的未来制度的再安排，所必要的是需要鼓励公众信心，在发展了的进程和关于达成结果的声明这两者之间。这会需要将来的机构更开放、更容易接近。与过去情形相比，在上面的目录中的四份提议的重要性是显而易见的。国家水试点关系到对职责重要性的承认，但是实际上落实这样的一个原则，将会需要相当大的努力来克服一个被深深确立的载体，即许多司法管辖区内显现的信息控制及其文化影响。在过去的十年里，部长理事会已为资金限额、流域盐度管理策略和河流的环境情况引入了审计项目。这些活动及审计过程，有助于用以帮助落实作为国家竞争政策的组成部分的“1994 年澳大利亚政府参议会水改革”，这些改革会基于那些审计结果。

与现行的系统相比，这些提议会产生一组更加强有力得多的机构。为什么州政府会接受它们呢？首先，它们会被证实是需要的，提议的机构可以实现用其他方法并未达成的重要的目的；在

---

* 虽然直到 2006 年才被使用，除了无异议原则之外，其他是墨累-达令河流域协议第 32（8）条款和第 17（3）条款允许的。在 2006 年，南澳大利亚州推荐了一个独立的委员约翰·斯凯伦，他是基于技能而被选出的。斯凯伦后来通过做了一项与拯救墨累河工程第一期计划相关的报告，并和其他委员一起递交了其他有关的报告。

这种情况下，一个环境可持续发展的河流系统，在它们的权限里最直接影响到的，就是能够缓和不断上升的公众忧虑，而且能保护社区的长期利益。为什么联邦政府会接受如此的一个解决措施？虽然它的力量很强大，但是它们不是全面的或无可置辩的，而且相关的问题是如此的难处理，以至于对于任何负起“对解决墨累-达令河流域水管理问题”的唯一责任的尝试将不会有奖赏。除此之外，没有来自所有的主要政党和最重要的利益集团的大力支持的话，在所必需的范围内落实这种变化的尝试将不会成功。通过一个分开的而且是单独控制的竞标，如此一致的意见是不会达成的。

聚焦国家水试点

国家水试点提供了针对在墨累-达令河流域中，关于制度改革的哲学的和政策性的文本。然而，国家水试点和墨累-达令河流域之间的连接不是一种途径。改组墨累-达令河流域水管理的进程也将引起对国家水试点的各方面的注意，尽管这些方面在进行实际的政策综合之前，还将需要进一步的发展。国家水试点的落实正在断断续续地进行着，特别是因为公开讨论它的许多人似乎没有读过它。一个典型的例子是：一篇出现在 2006 年 7 月的《悉尼早报》上的专题文章，该文章说“在 2004 年国家水方案之下，澳大利亚政府同意，如果为了环境不得不从农民那里拿水的话，这是需要付费的”[50]。作者显然地不知道国家水试点的第 49 段的要求，直到 2014 年，在过度分配系统中的权利拥有者，在没有减少对进行补偿来实现可持续发展的话，不会必须承担全部的费用。在 2014 年之后，若 10 年内的减少超过 3％的话，权利拥有者不得不赔偿。除此之外，如果没有对减少进行补偿来处理气候变化或干旱的话，第 48 段要求权利拥有者不会必须承担全部的费用。

许多人似乎把对与这个问题相关的国家水试点的理解，建立在第 79 段（ii）之上，该段列出了，尽管公共政策进程受到影响，政府能够恢复水（供应）以维护发展的目的，首先它是对需要达成配置的环境平衡水平的附加（这不会影响对国家水试点本身的一个快速阅读。尽管是一个相当密集的文件，它却很短）。不用管第 48 段和第 49 段的较理性的压缩，但有一个强烈的争论，即政府是否应该在配置中为任何的减少给予补偿以达到平衡。这可以被证实，在平等的情况下（灌溉者不应该必须承担全部的“文化价值变化的负担”），通过需要迅速解决争论，以便恢复可持续性的进程能够进行，而且使之得到妥善处理。考虑到这样的事项，在第 51 段中，澳大利亚政府参议会并不同意州政府能够计算出，一个实现环境可持续发展的不同的分担风险公式。如果它们期望的话，能够做的最明显的方法是通过提供某种财政的补偿。毫无疑问，这是一个重要的既定的公共问题的讨论，是关于政府是否应该规定“上限”，从而引起“扭曲”的水市场价格的风险，通过为了环境而买水，是政府决然作的一个承诺，并依照一张要求的时间表，去改造跨越州的水管理，以便第一次实现环境保护及可持续性和资源安全。

关于国家水试点的内容，除了它更宽泛的含意之外，大范围的被忽视的内容并不是特别显得重要。关键是考虑到将会与落实国家水试点有关的政治上的困难，有一种真正的危险，即达到可持续和保护资源安全的承诺，将会变成一个无法投递的信件，这样太难以至于不能定义或执行，而且与它在短期内的价值相比，变得政治上有更多的麻烦。增加这种风险的一个因素，是在包含国家水试点里的相当乐观的假设，假设是政府和公众接受它的供应将会是相对简单的。在这个阶段，服从的主要诱因是通过国家水委员会，由联邦政府支付工程的设想。在资金缺乏是主要的障碍的情形下运行，它不可能在政府面临真正的政治上的困扰，以及所有的一些问题时有什么效果。归还水资源给环境，仅仅是这样的问题的一个例子，而且这还可能不是最困难的。如果不是基于对设计出来的要做事情的复杂性有充分理解，以及有强烈的公众支持的话，国家水试点将不会成功地得以落实。在这个阶段，理解是缺乏的，并且仅仅是对“创造所需的文化价值的那些活动”的最小投资，是远远不够的。

国家水试点是对在将来一些年内，将会支配水管理的许多争议的一个郑重的回应。它不只是一件学习它的事情。然而，国家水试点是在一些政府已经同意的一揽子事情基础上，针对的不只是一个具体事情或出发点，还包含许多无法解决的矛盾。如涉及的第 48 段和第 49 段的含糊论述，举例来说，国家水试点中，已讨论过而且有许多需要实质上去发展的区域，在它们能合并进入管理实践中之前，有许多其他问题或需要引起争议。这些争议中，比如其中最重要的一个就是：水权定义是从何时和在什么环境状况下，能使用或从制度认可（国家水试点中，赞成对水权管制的一些条款或建议）中分离出来，以使水交易更容易进行。

来自于制度认可的“水权”与不被制度认可之间的区别，普遍认为是使得从一个到另外一个水文系统的水交易变得更容易。制度认可下的水权将会产生对相关消费水量的比例分配，而且它将会定义并可能易被执行的条件。新的方式似乎假定，在不同地区制度认可内容中的变化，将不会像在水权的价值中产生重大的区别。在某些情况这是正确的，但是在其他情况中它将不是像想象的那样好。

“管制赞成”被普遍认为考虑了不同水文系统的特性，而且对于任何实际想要使用它的人而言，它将决定了既定水权的实际价值。随着水市场的成熟，在各种不同的区域发展的“管制赞成”之间的经济效用不同，将会被反映在它们所附属的水权的价格上，这是有可能的。一种能用在广泛的多种多样的环境中的水权，与那种仅仅能在有限制范围的环境中使用的水权相比，或许将被视为更有价值。但是，假如这样的话，这将会把水商人放回他们初始的位置，在水权从他们的“管制赞成”中分离出来之前。一旦多数不相似的产品将再次面对他们，比较它们的价值，这将会是很难决定的。

一个有关于强烈愿望或很少受限制的水交易规则方面的主题辩论，呼吁在长期的或已建成的水配置系统治下，存在相当多的浪费，甚至导致了丧失经济机会和环境破坏。在一些例证中，这是真实的、不可质疑的，但在某种程度上是不确定的，特别是考虑到最近的一项研究，该研究表明在许多区域中，被转移的水的很大比例最后回到了河流中，并再次变成流入的一部分（产生了资源浪费或增加成本）。[51]促进水市场的发展和使水成为一个有价值的交易商品，这几乎的确是增加了为生产而被转移的总能量。从改进环境可持续发展的角度评估，在多大程度上利益才会大于费用呢？

下一个最主要问题是讨论由于国家水试点限制的影响而产生的管制结构及其质量。在表面价值上看，国家水试点将会准备妥当了许多限制，这些限制能给跨地区的活跃的贸易提供强大的障碍。贸易操作的指导方针安排在对国家水试点的限制框架中。因为它与相关的水计划不一致，所以一种贸易可能被拒绝。贸易没被允许，造成这个区域的平衡的产量失调或某种资源将会被过度使用。此外，他们不应该在平衡水平之上增加流动规则的季节性逆转方案，这些水平在相关的水计划中被确定，以至于环境的水或水依赖的系统受到不利影响。有趣的是，“一个得到许可的获取表面水流的水坝”（即不是一个小的农场水坝）发生了（水）贸易，但是，在其他的需求之中，它将受制于水坝（取水）能力（用减少的等价物衡量）减少的影响，这是一种很难执行的情况。[52]除此之外，在国家水试点中系统概括地说明的情况下，也将有更多的诉讼机会，但受害的第三方将在新的原则下承受着更强烈的痛苦。

如果像写的那样属实的话，国家水试点将会使水贸易变得更加复杂。到目前为止，在墨累-达令河流域中，国家水试点尝试在更广泛的区域去解决已经回避了的许多问题。在墨累河的中部和比较低的延伸地带里的一个限制区域内，水资源有相似的补给特性，通过限制贸易影响到了（水）权利。实际上，应该允许买方有信心地知道：当购买时他们将会知道所拿出的钱而拿回多少水。很难想象在新的系统之下拥有的信心将怎样维持下去。

国家水试点打算促进各式各样水平的水权贸易，保证跨更大的地理区域的水供给。与现在的情形比较，与国家水试点相关的许多部门已经着手处理了这些问题，但是他们并未解释交易实际上将怎样进行。这可能似乎是一个低水平的问题，不应该在一个政府间的协议中详细说明，但是，它有一个中心问题不能回避：在多大程度上这些建议将招致如此高的交易费用，以至于他们将要否定水交易的好处？例如，假定在这些年的一个既定的频率下（例如当由于足够的流入水量使得水可获得时）能被充足地供给。当针对一个系统的水计划建立时，一部分 X 权利将怎样被转化为另一部分 Y（水权由水计划中适合的购买者的递送位置决定）的？当这两个水系统有不同的地理特性时，有完全的水权利供给的那些年份中的百分之多少（水权分配）将源于河的发源地或者使用地？与发源地相比，在有的地方，如果以更高的频率（满足用水保证率情况）被供给的那些年份，水库的总水量将不会增加吗？

长久以来，单一的灌溉者会从许多不同的地方购买水，每个地方都有自己的供给特性。她或他的邻居会做同样的事情，非常可能出现（水）再次源于一些有着不同特性的、不同的区域。最后，一个拥有不同的制度认可申请的特别布局的水权得到发展，不管是假定的以国家水试点而产生单一的国家系统形式存在，或者是一个过程，都可能得到发展，就是这个过程，会把每个引入的权利转变成一种产品，这种产品拥有规定的“赞成本地水计划”所定义的特性。但这些问题的解决及措施的效果取决于各地方、各年份、季节情况（如河流发源地会有一个湿润年，而购买的地方出现干旱或相反）。现在需要的是保持良好的纪录和非常高的水管理质量，这种情况下很难看到目前连续出现的谈判怎样才能避免。水交易和在这些情形下执行及其随后的管理，实际上可能会造成非常高的交易费用。

国家水试点中的规章制度框架不断发展以确保水交易进行并利于增强环境的可持续性，但是，鉴于它的复杂性，很难去相信交易及其后来的管理真的会以这种方式顺利执行。然而，如果不是的话，先前对所有需求的满足及提供的放心的承诺，将仅仅作为一个烟雾，在其后面被简化，这样，关于对环境很少出现良好的情形及其问题的处理可能会经常发生。很难避免这样去总结：对于水交易，如果像所描述的那样，国家水试点系统需要环境上受益的话，那么这是有效的声明；若在可达到的标准下进行的水交易，在许多实例中将对环境有害，那么，这表明有些妥协还有未解决的矛盾，须通过加强或创造财产权来促进经济活动的发展，希望澳大利亚政府部门为了整个社会利益而承担起管理水资源的合法责任。

通过在大部分的区域水平上管理的事例中，去发展广泛的水计划，已经讨论过了，这样有助于解决矛盾。这将与执行国家水试点是相关联的，是一个被赞成的过程，即把汇水区的陆地部分的活动变成新的水权系统。[53]当水资源分配变得越来越竞争激烈时，而且研究已经表明一些被称作陆地的农业活动，对流入（水量）有重要的作用，这是可以理解的，政府会想法拓展它们规定的政权制度来管理这些问题。若对这些问题置之不理，就会对水供给到城镇、灌溉者和其他使用者都产生一个消极的影响，也会对保护环境的能力产生消极影响。

在国家水试点框架下，一个有水计划的地区的抽取量一旦超过环境平衡水平，“或者水试点系统开始完全处理水的分配”，将导致进入地表或地下水系统的流量进一步减少，新的生产活动将需要购买一个新的获利水权（如果过度配置不是一个问题的话，这样一个购买是不必要的）。定义可持续抽取水平的过程是相当困难的，但是在购买水权变得必要之前，完全分配的方法必须接近一个怎样的水平或程度呢？（水量的分配）公式涉及的是分配而不是抽取物的实际比率，而且从历史上说，二者之间经常存在很大的不同。

与在大多数汇水区域可获得的（水权）利益相比，政策的贯彻执行也将需要一个对于水文系统有更详细和更久经世故的理解。没有这个作为前提的话，定义的开端将是不可能的，除了这个开端，权利的购买才是必要的。在大多数被建立起来的水管理系统之下，在进入溪流的流入量和到分派点以及来自各灌溉工具等的检测很受关注。水管理所需要的监测（设备及手段）将需要更加广泛，同时也把陆地部分的汇水区的活动考虑在内了；还将需要纪录水的运动及跨越并穿过地形的情形，而先前只是仅在研究条件下才这样。

区分过度或未过度的配置汇水区水资源是可以理解的，作为一个战略政策需要并逐渐地用于引入新的方法，但是它将为研究者、经营者和投资者创造一个合法的试验地。在新的系统之下将会怎样处理有关这样问题及争论呢？新的系统有它更好的权利透明，有更好的方法来请求直接参与的和先前有最小机会来抗议的第三方。事实是当雨降在正在讨论（水分配）的地区时，水并非经过水道转移，冲突会停止。这一事实也将会增加矛盾，直到最近的关于在新南威尔士州和维多利亚州的坡面漫流规则的变化。因为降雨先前未估计到，迫使乡下地区服从细致的外部管理和潜在的水负荷压力，并接受如此重要的文化变化（降雨变化导致管理及文化活动变化），这也是可能的。这个新的系统将会产生强烈的经济激励，如新的林产耕地之类活动的经营者们，采取合法的行动抵抗这种转变，即从雨水是免费的和不受限制的配置之下的水权，向他们将必须购买高昂的水权和受限制配置基础之上的情形转变。反对这样决议的最简单的方法将是去质疑将被用于计算分开的两种权利的方法。

过去在管理者和政治家的机构里，这些争论不会以斗争方式得以解决，除了在法庭上以外。这会产生一个对高很多的数据标准和权利、责任的定义的需求，有些争论也将不会被慎重行事的管理者判决，除了能被恳求的法官决定之外。尽管只有很小比例的交易有可能包括合法的行动，正是那个可能性，将会形成收集数据和定义权利、责任的方式。如道格拉斯·菲舍尔所解释的，在国家水试点下正建立的新系统以这一假设为基础的，即假设环境平衡和资源安全将会以一种在法庭能辩护的形式被法令定义。[54]

在国家水试点中所陈述的有关政府做出的协议，不能独自达成结果。它只表明这种随后一定能被国会通过且并入立法的意图会变成现实的。然而，亚历克·加德纳和凯斯·鲍默的研究表明：在 2007 年初，与国家水试点有关的九个权限中，没有一个已经把实现环境平衡的需求合并进立法，更不用说普遍原理上的成功所需要支持的细节了。[55]根据他们的分析，所有权限中已经达到这个最低标准的、最接近的是新南威尔士州的 2000 年水管理法令，但是自从它被改正并被大大侵蚀后。结果是，我们可以说水管理的老系统已经被废止，但是一个新的系统仍未投入实践。

国家水试点面临的水管理问题的复杂性，试图把与定义环境可持续和保护环境平衡方法的有关困难突出出来。虽然国家水试点中有一部分表明了与所涉及的环境可持续有关的一个宽泛的概念，但是也有其他的部分则倾向于表明：保证每年的流入量等于流出量也将是足以实现环境可持续的。诸如维持或恢复一个更自然的季节流入的方式或者保护溪流和它们的泛滥平原之间的相互关系之类的问题，仅仅略微地谈到一些。对水质量的关注，如盐度问题，陈述的更含蓄一些。另一方面，国家水试点很大程度上是基于为生态系统准备水源的国家原则，确实也相当明确地承认了许多有关问题，但在这方面有信心的评估还将需要等候，直到执行得到进一步的提高。

国家水试点如果像一个一揽子计划一样落实的话，将有潜力来产生一些较好的利益。然而，它包括的环保方面的供给是允许有一定倒退的，因为这些是太难以执行了，所以环境有可能进一步衰微。国家水试点的许多部分似乎需要对汇水区域展开重要而深入的研究，它们（需要研究的项目）在被激活之前其效果将会受到影响。这里所包括的有关事项也是一些新的水计划的必要组成部分，这些新的水计划必须是一个允许永久的水权利获得所必需的东西。依照国家水试点的第 25 段，这些水计划要提供关于对水流入和转移、质量及未来风险的信息，以正在讨论的水文系统的地方特性（详细理解的）为基础，考虑该本土利益，要考虑如何定义和管理地表水、地下水系统及它们相互连接的程度，以及“高的保护价值”地区和能够“保护水获得权利的完整性，通过土地使用变化拦截无管制（对用水增长）”的地区（土地使用变化指来自于汇水区的非灌溉部分的土地使用中的变化）。水计划也将包含它们基于信息质量的一个评估，尽管是一个相对新的并且在自然资源管理方面不严密或声名狼藉的领域，当然这种管理很少需要像过去那样适用于具体活动的专家技术。

与国家水试点相一致的，对现存的立法、协议、政策和规则的回顾，原则上在国家水试点第 13 段、14 段和 27 段中是适应的。立法、政策和规则的许多变化（在国家水试点中）将被提及，并用以产生一个天衣无缝的国家系统（有不同的州所需要的不同变化）。当有墨累-达令河流域协议时，再通过改善现存立法或介绍同一的平行的立法，将有可能会这样去做吗？如果通过改变每个权限里的不同的法令，什么程序将会用来避免新的变化？在整个澳大利亚的水和自然资源管理立法中，哪些是敏感的，哪些是不敏感的？能被用来解决这些问题的那些可能的方法，在国家水试点中被确定了，但是它们不是很具体。

目前需要很多制度的发展和完善，用以使国家水试点有效运行。从上面开始，自然资源管理大臣议会将给予一个加强这方面的作用，主要负责监督国家水试点的落实。后备的将会是新的国家水委员会。联邦政府正在提供资金和负责任命委员会，包括主席在内的七个成员中的四个。委员们是以他们在“稽核和评估、资源经济学、水资源管理、新鲜水生态学和水文学”等方面的技术为基础被选出的。国家水委员会已经制订了一个综合的报告和协调的指示，当它们与落实繁重的议程抗争时，它的作用有可能将会扩大对地方汇水区主管当局提供支持。除此之外，国家水委员会的提议和落实计划的委派和评估，在多大程度上仅仅是“纸上谈兵”，或是否有能力检查落实情况和进行独立的调查，这是不清楚的。

将会对资金和熟练工有许多需求活动的另外一个领域是：从许多不同类型的现存的权利向单一的、新的、全国一致的权利系统转移。然而，从许多旧的系统（数字是未知的，但是随着持续的研究而不断增加）到一个新的全国一致的系统，国家水试点似乎低估了这种转移权利的复杂性。谁将会做详细的工作，去协商从旧的权利到新的权力的转变？况且大量的、现存的权利系统的文件是较差的（指缺乏可操作性）和广泛散布的。除此之外，旧权利的许多特征是沉默的（或没有被激活的），这些特征将会在新的权利中被详细说明。实际上，没有可利用的独立的能力来监督这些转移并且保护纳税人、后代及未来的环境利益。

作为新政策的水计划，最主要的需求是制度创新，这些制度需要是全面的而且能确保落实于实际。现在墨累-达令河流域内的大多数州，长期建立起来的州政府下水管理机构，大部分已经被撤销，而且汇水区在本地的主管当局（州政府以下的水管单位）还存在。水管理现在并不会逐渐地被新的和相对而言未经尝试的制度安排所支配，目前的目标设定实际上还没有什么效果，除非直到它们变得很有效。然而，制度发展的主题在国家水试点中很少提到，也很难再任何其他的政策的上下文中看到，除了那些非常受限制的、对水贸易有帮助的措施之外。

正如较早描述的那样，对于整个地区的自然资源管理的主体，如汇水区主管当局不得不在其运作的那些政策和管理的上下文中弄得格外复杂。因为许多关于墨累-达令河流域中的水管理的权限的讨论，给出了一个误导的印象，即在联邦政府水平和州政府水平之间的相互作用构成了更深奥的解释，但是现实却更加难懂得多。对于墨累-达令河流域带有各自独特特征的任何部分要整合并形成合力，共同找到一个突破点，即最明显的是集中所有的奋斗力量和影响力，适应一个单一的、一致的政策的那个点，它就是处于地方水平上的（而不是国家水平或州的水平）。目前受管辖的许多范围有一个共同的兴趣，但是还没有一个地方像那些必须承认直接后果的人们一样，需要协调整体。在许多地区甚至是大多数地区，关于是否可获得必需的人类能力，来从事这项困难的整合和协调工作，还存在着严重问题和分歧。

到目前为止，在澳大利亚的水争论中，一个被大大忽略的问题是能够做很多工作的熟练人工是短缺的，如果它在国家水试点所需要的水平上执行的话，那么这些工作是当代的水管理所必需的。对于水文系统的管理要更复杂得多，与几十年前相比，墨累-达令河流域现在大多数的区域发生了很大的改变，而且与过去的情形相比，受到竞争的压力很大。当它们现在发生较少地改变时，这些系统管理的经验针对现在和未来的导向并不总是可靠的。除了与水的抽取和盐化的水平相关而长期存在的问题外，21世纪早期墨累-达令河流域中的一系列的水管理问题现在已扩充到如土壤酸化、营养流失、碳消耗、降雨方式变更、土地流失和再休整、原生植被受损、受威胁的生物多样性、衰退中的泛滥平原和水流渠道之间的连接性、流动的季节性的方式的变化、水坝下游污染问题、文明的退化、经济和环境变化对社会的影响、气候变化等等。目前的管理被现实存在的诸多问题弄得更加复杂，事实上的问题不止如此，还包括受不同级别的政府、私人的土地管理者或商业公司的活动的影响。

在 2002 年，大卫·多尔列出了处理上述问题所必需的一些技术，之后，墨累-达令河流域委员会的主管解释道，未来的水经营者将会有：

- 包括泛滥平原在内的整个河流系统的水文学和水力学的专业知识；
- 整个集水区域和水流动过程的专业知识；
- 与操作和管理体力劳动相关的专业的工程技术；
- 对水、土地和环境之间的生物物理学关系的理解，包括评估改变河流生态系统上的流动规则的影响方面的技术；
- 对自然系统的水需要的理解，也包括对那些消费性使用者的理解；
- 改良从储存到发源地传送水的过程的效率和效力方面的专业技术；
- 管理和处理排水方面的专业技术；
- 可持续发展的自然资源系统及其有效配置、经济产出核算知识；
- 与大家一起工作，共同建立一个将会加强对未来行为的谈判基础的健全的知识库；
- 有信心承认针对自然系统层面的社会影响的现有知识的限制，包括正直地承认并应对变化的需要。[56]

还可以把一个好的、关于水法律和政策以及在法庭上有效运行的能力的应用知识添加到这个列表里。

这些好的水管理经理将来自于哪里呢？未来比现在的需求将会更多，当然也严重缺少具有必要技术的人。这个人员缺口的出现，同时在澳大利亚生活中的许多其他的方面都有类似的短缺，也正变得日益严重起来。不论是社会福利，还是运输、医药、工程、生意或运动管理等方面，近几年来所要求掌握必需的技术水平的人已急剧增加。这些的不足，表明了澳大利亚在教育和相应水平的诸多方面的相关服务的投资不足。政府政策强调了在劳动人口中增加数量的需要，除了有效地管理水系统，连同扩大需要的所有其他区域，在培养他们的能力方面进行更多投资，将会是很必要的。管理澳大利亚水文系统的熟练员工的短缺，也可以很好地证明了对于国家水试点的风险以及澳大利亚中期的水管理的压力。这些增加的压力，不是找更多的人并且培训他们达到一个较高的水平，而是设计最有效率的可能的水管理系统。对于增加交易费用的妥协不仅仅是浪费稀缺资源，也危及着对国家水试点有效落实的可能性。

不作为的代价

改革水管理的计划存在着短期费用，如提取水资源以实现可持续发展水平是必需的话，有相当多的人反对大量减少向环境用水的转移。尽管如此，如果在不久的将来，在水的转移方面发生实质性的减少的话，对经济的影响将会是什么？许多最近的研究制造出令人惊讶的预言。例如，一份由生产力委员会发表的论文描述说，在墨累-达令河流域的南部模仿水贸易的结果表明，对在被抽出水量中减少10%，对当地生产总值的影响估计达到0.52%，包括开放的内部和区域间的贸易。对于减少可用性水量的30%，当地生产总值减少可达到2.02%。[57]

关于生产力委员会预言的消极影响也被其他的研究所支持。如墨累-达令河流域委员会进行的一项调查发现，转向灌溉的那部分5 000亿升的水，这是落实拯救墨累河工程计划的结果，这部分水的减少会导致整个总金额中的不少于1.2%的减少量。进一步预知，如果水市场被打开的话，这个损失会降低1/3多[58]。

在2002年进行的澳大利亚海外发展署商会上，关于新南威尔士州的灌溉减少的影响的一项研究，也有相似的发现。[59]这些研究涉及了许多问题，包括一些在本章中已被较早讨论过的问题，本章讲的是为促进更广泛的水贸易而进行的努力，但是它们确实表明减少水转移的经济影响要比建设一些灌溉实体（带来的利益）少得多。

然而，有理由表明，如预知的那样小的影响可能是：它们或许仍夸大“可能的水转移减少”的消极结果，因为它们不会把可能来自于这种减少带来其他的许多经济利益考虑在内。生产力委员会的研究，排除了对于墨累-达令河流域环境情况进一步恶化的经济影响的考虑，可以预知到，这源于今天继续的（水量）抽出水平。不管在这些河流的系统中，还是在原因和结果之间的长期时滞期，在满足显然且可测量的退化水平带来的发展压力之前，保持同现在一样的抽取比率，完全弄清水转移带来的经济影响的结果，这将花好几年的时间。[60]墨累-达令河流域现在的环境情况，与21世纪中期相比，反映了一个比较低水平的发展的影响。比较费用和不同部分的利益，对未来水环境退化带来的经济费用的一个估计，必需包括“照常运转”的基线内。

“照常运转”（指灌溉、环境等各个方面需水不减少的情况下）给地方经济造成了许多威胁。不论已被载入编年史的“差的环境状况”，还是墨累-达令河流域河流系统继续衰微，在整个流域内的许多市中心仍然是适合居住的好地方，如吸引了大量的退休人员，但环境的进一步恶化有可能会减少这种吸引力。鉴于澳大利亚退休人口将会扩大的预期，如果感觉不满意，他们会倾向于移民，这会造成人口衰微。那些人口正在萎缩的地区，发现它很难吸引投资，因为政府和大型公司减少了服务，靠商业战来获得利润，财产价值下降，有时是急剧下降。生产力委员会的模型似乎也排斥将来的恶化对旅游业和娱乐业的影响，这两个活动极大地依赖于迷人的河流环境，而且这一点在墨累-达令河流域中具有重要的经济作用。[61]

如果没有采取必要的措施来实现环境可持续发展的话，将会发生什么呢？一些可能的结果被顾问集团中的一个给出了概略说明，这个顾问团体参加了在2000年对进行的“墨累-达令河流域资金限额的五年回顾”的评估。在讨论“墨累-达令河流域落实一个有效的资金限额和其他的环境复原的计划应该会失败吗”这个主题时，“回顾”报告的姊妹篇（《资源可持续发展会变成一个主要问题吗?》）的两个作者约翰·马斯登和彼得·雅各布有个预言，他们认为在那样的环境下，增加了的灌溉发展会渐渐破坏已确定的生产者的安全，并且新的进入者也将去遭受挫折。河流环境和水质量的退化会以一个加快的速度进行着，而且在灌溉区和周围区域之间会有逐渐增加的矛盾；当水供给的安全不断衰退时，水交易会变得更加浩大，并且灌溉企业的收入、生存能力，包括横跨墨累-达令河流域的社区，会逐渐地对季节性的和气候上的变化格外敏感。最终，当流域末端的水量流入继续减少，对河流环境的破坏变得明显，灌溉社区会逐渐地变得远离更广阔的社会，所涉及的一切会前途黯淡。

结尾　实用主义——绝望的哲学

约翰·霍华德总理出台了一个100亿澳元的农村水计划，但它主要侧重于技术活动，很少提到将来如何努力有效地实现水改革，比如在文化和体制两方面。关于水计划的声明的许多部分承认了落实可持续管理系统的重要性，但目前并无迹象显示，可持续性将如何界定或是达成一个怎样可以接受的定义。这也许是应对各国的政治风暴（都强调可持续发展）的最好方式。这是真的，我们是否赞成恢复前欧洲的环境情况，即一个关于生产唯一的观点。对于我们正在努力实现的一切，包括水计划，不论是对社会，还是对环境的影响，还是两者都要兼顾，研究和监测方案得以确立以前，需要有一个合理、稳定的共识。从整个社会的角度来看，我们允许沿河环境被改变到什么程度？澳大利亚农业应该放在什么位置？这些以及许多相关的问题是非常有争议的，而且是可论证的。这些问题在很大的程度上，在长期水改革计划能够得到顺利落实之前，都需要得到解决。

在总理的声明中，虽然提起墨累-达令河流域的机构改革，但没有讨论如何进行。公众关于区域发展的未来的讨论，也逐渐趋向于被新项目和有关活动的建议主宰着，而不是体制方面的改革。我们确实需要更多的蓄水吗？是否应该或多或少为环境预留用水呢？我们如何能增加用作交易的水量呢？并未讨论的水管理和水监测系统才是应该加以发展的核心内容。然而，它是管理系统的质量和特点的标志，它也决定着新的项目或活动是否有潜在的好处能被挖掘并得以实现。

机构本身不应该作为讨论的对象，就好像他们自己会产生一个特定的结果，因为最终是这些机构中的人们都要对所做出的或未做出的决策负责，但这并不意味着某些制度安排是不相关的。在一个不相称的制度框架下工作，成功是难以实现的。比如在管理环境方面，若有一个特别的制度体系有利于激励和创造，这与其他的制度相比就更容易获得成功。没有一个制度体系对其影响是中性的。制度创新是一个挑战，这个挑战就是要制定一个有利于实现指定目标的系统，而且在同一个方向发展。制度设计的核心任务，是界定哪些行为模式和决策是最理想的，并有利于促进法律、政策、组织结构和文化价值的发展和结合。

正如书中前面所讨论的，曾经在以前的两个时期，对墨累-达令河流域未来的争论回归到一个基本问题——即我们想要什么和我们最好怎样获得它？第一是在 1902 年克罗瓦会议之后，该会考虑了墨累河未来的选择；第二是在 20 世纪 80 年的重新评估，它导致了决策范围的扩展，包括北部的部分集水区域及水质问题，如盐化如何处理。这两个时期产生了一个建立强有力的总体组织的建议，都能够全面地考虑了当时被社会认为是重要的，而且最大范围可能解决的问题。

由于将再次讨论总理“水计划”的本质问题。所以，在这个阶段，联邦政府会采取什么形式接管，目前尚不清楚。但有许多的可能性和所有可以想像的选择也应该考虑，在第一个例子中，他们从政治可接受性的问题中分离出来。这个问题在某阶段必须要加以处理，不应该允许其主宰核心问题的争论，即我们如何才能保持墨累-达令河流域作为一个正常运转的水文系统呢？这是很可能的，一次彻底的回顾（指前面提及的回顾报告）最终会导致我们可能接受那些尚无政治影响的变化。

在前两期的公众争论中，由于种种原因，一些相关的政府认为，建议变化的内容太多，而且更多地让步于自由决定的力量。不过，看现在的情况，做出让步的余地要小得多，以至于不能达成一致意见。这项任务的复杂性将会导致较高的交易成本，这会降低实现这一目标的能力，墨累-达令河流域的形势并不稳定。我们正在讨论改革，环境和资源安全性正在下降，正在施加的社会经济的需求也越来越多地难以抑制。此外，优质的科学知识和监测数据仍然十分不足，而且许多关键问题，处于'已被同意的决策框架'之外。更微妙的是，除了那些相对简单的、非紧急需要的小小合作的任务，澳大利亚联邦体系付出了高昂交易成本，却阻碍了去从事其他任何事情的努力。

环境以及资源风险的管理制度发展的进程，在全世界范围内已形成的严峻的社会挑战。在哥伦比亚河的历史中，理查德·怀特指出了关于未来水管理的争论，在很大程度上仍然是长期占主导地位的专家和政治精英们的专门领域。由于目前处在"危险境地"的有关问题的讨论已经更加明朗化了，特别是最初的《墨累-达令河流域协议》改革的努力被视为是暂定的或太保守，因此，许多新的政治参与者将很可能加入此行列中来。

一个首要的基于全面而系统的水管理方法的重要性，是国家水试点的根本前提。当它已被广泛忽视时，它没有被证明是错误的。一个务实而继续照以往去做的办法，可能避免一个破坏性的变化，或意味着是有生命力的。正如我们所了解的，但它很快将只是一个记忆。在短期，拖延改革的成本是相对次要的，但从中期来看，如果我们想要去继续分享被认为是理所当然的大部分利益，我们现在就要付出相当大的努力。

这本书提出了许多关于墨累-达令河流域前景的陈述和争论。有的将引起争议，甚至表明是弄错了，但这只有一个是基本的：非常重要的一点是对墨累-达令河流域现有的制度安排和规划的回顾（或反思），"计划"不应该是最低限度（或标准）的，或其设计出来也不应是为了直接安抚公众关注的问题。如果现在寻找包含所有的现状调查或证明的话，它确实也就如此；但是，如果需要改变，我们应该宜早不宜迟。

注　　释

引　　言

1 White，R，1995，The organic machine，p 64.

2 Postel，S，1999，Pillars of sand：can the irrigation miracle last?

3 United Nations Development Program，'Principal challenges associated with water resources，Chapter 2. Brown，LR，2003，'The effect of emerging water shortages on the world's food'，pp 77 - 88.

4 United Nations Development Program，'Principal challenges associated with water resources'.

5 Bruntland，G (ed)，1987，Our common future.

6 Ibid，p 43.

7 Yencken，D，Wilkinson，D，2000，Resetting the compass，pp 313 - 315.

第　一　章

1 Sheldrick，J，2005，'Goyder's Line：the unreliable history of the line of reliable rainfall'，p 57.

2 Meinig，DW，1962，On the margins of the good earth.

3 Sheldrick，'Goyder's Line：the unreliable history of the line of reliable rainfall'，pp 56 - 65.

4 Blackmore，D，2002，'Protecting the future'，p 7. Regarding irrigation，see Murray-Darling Basin Ministerial Council，June 1995，An Audit of Water Use，Table 1，p 7. For additional statistical information about the MDB，see Crabb，P，1996，Murray-Darling Basin Resources.

5 Powell，JM (ed)，1988，An Historical Geography of Modern Australia；Bolton，GC，1981，Spoils and Spoilers；Barr，N，Cary，J，1992，Greening a Brown Land；Blainey G，1982 (1980)，A Land Half Won.

6 Reeve, I, Frost, L, Musgrave, W, Stayner, R, 2002 April, Overview Report: Agriculture and Natural Resource Management in the Murray-Darling Basin.

7 Kociumbas, J, 1986, Vol 1, 1770 - 1860 Possessions.

8 Orchard, et al, 2003, 'Institutions and Processes for Resource and Environmental Management in the Indigenous Domain', pp 338 - 362.

9 Painter, G, 1987 (1979), The river trade; Phillips, P, 1972, River Boat Days; Drage, W, Page, M, 1976, Riverboats and rivermen.

10 Cole, B (ed), 2000, Dam Technology in Australia 1850 - 1999.

11 Powell, An Historical Geography of Modern Australia, p 24.

12 Ibid, p 44.

13 Sturt, C, 1833, Two expeditions into the interior of southern Australia.

14 Painter, The river trade; Phillips, River Boat Days; Drage and Page, Riverboats and rivermen.

15 Painter, The river trade, p 2.

16 Clark, SD, June 1971, 'The River Murray Question: Part I: Colonial Days', pp 11 - 40.

17 Ibid, p 15.

18 Ibid, pp 13 and 30.

19 Powell, JM, 1989, Watering the Garden State, pp 87 - 90.

20 Murray-Darling Basin Ministerial Council, An Audit of Water Use, p 13, figure 1.

21 Wolf, A, 2001, 'Transboundary waters'.

22 Mead, E, 1920, Helping men own farms; Tyrrell, I, 1999, True Gardens of the Gods; Reeves, WP, 1902, State Experiments in Australia and New Zealand, Vol 1 (of 2).

23 For the Australian experience, see Frith, HJ, Sawer, G (eds), 1974, The Murray waters; and Powell, Watering the Garden State. For comparisons with the western United States, see Worster, D, 1992 (1985), Rivers of Empire, especially Chapter 5; and Hundley, NJR, 2001, The great thirst: Californians and water.

24 Davidson, BR, 1969, Australia wet or dry?; Kenwood, AG, 1995,

Australian Economic Institutions Since Federation, see especially Chapter 5.

25 Smith, DI, 1998, Water in Australia, p 162.

26 Kelly, P, 1992, The end of certainty.

27 Kellow, A 1995, 'The Murray-Darling Basin', pp 220 - 238.

28 Jones, G, et al, 2003 October, Ecological assessment of environmental flow reference points, p 17.

29 MDBC, August 2000, Review of the Cap, p 7.

30 Murray-Darling Basin Ministerial Council, 1999, The Salinity Audit, p 2.

31 Walker, J, et al, 1999, Effectiveness of current farming systems in the control of dryland salinity, pp 7 - 10.

32 Williams, J, and Goss, K, 2002, 'Our difficult bequest', p 37.

33 Ibid, p 37.

34 Ibid, p 38.

35 Barr, N, et al, 2000, Adjusting for catchment management.

36 Reid, WV (ed), 2005, Millennium Ecosystem Assessment, pp 88 - 91.

37 Walker, B, Salt D, 2006, Resilience thinking.

38 Scheffer, M, Carpenter, S, Foley, JA, Walker, B, 2001, 'Catastrophic shifts in ecosystems', pp 591 - 596.

39 Gunderson LH, Holling, CS (eds), 2002, Panarchy, p xxiv.

40 Beresford, Q, Bekle, H, Phillips, H, Mulcock, J, 2001, The salinity crisis.

41 National Land and Water Resources Audit, 2001, Dryland salinity in Australia, Table 2, p 6.

42 Beresford, Bekle, Phillips, Mulcock, The salinity crisis, p 13.

43 Abel, N, Langston, A, October 2001, Evolution of a social-ecological system; Quinn, M, 2000, 'Past and present: managing the western division of New South Wales'.

44 Walker and Salt, Resilience thinking, Chapter 2 'The system rules: between a (salt) rock and a hard place: the Goulburn Broken catchment'.

45 Hardin, G, 1968, 'The Tragedy of the Commons'.

46 Dovers, S, 1997, 'Sustainability: demands on policy'; Yencken, D, Wilkinson, D, 2000, Resetting the compass, especially Chapter 11.

47 Yencken and Wilkinson, Resetting the compass, especially Chapter 11.

48 See Kenwood, Australian Economic Institutions Since Federation, pp 209 - 223; Mathews, R, Grewal, B, 1997, The public sector in jeopardy; Painter, M, 1998, Collaborative federalism.

49 Painter, Collaborative federalism.

50 Bates, G, September 2000, 'Environmental law past and present', p 2.

51 NWI, 7, 13, 27. [The notation used throughout this book is NWI, number of paragraph, number of letter of subsection ie NWI, 63, ii (b) .] In June 2004 the NWI was approved by all States apart from Western Australia and Tasmania. The latter have subsequently given their approval.

52 Wentworth Group of Concerned Scientists, 31 July 2003, Blueprint for a national water plan.

53 National Competition Council, June 2001, Assessment of government progress in implementing the National Competition Policy and related reforms: Murray-Darling Basin Commission water reform, p 32.

54 NWI, 49, i.

55 Lee, KN, 1993, Compass and gyroscope, p 153.

56 NWI, 23, 25, Sch E.

57 NWI, 25.

58 NWI, 23, x.

59 NWI, 52 - 54.

60 NWI, 28.

61 NWI, 23, 25, 41 - 49.

62 CoAG, 2004 June, Intergovernmental Agreement on a National Water Initiative.

63 NWI, 23, iv and x.

64 NWI, 25, v.

65 Lee, Compass and gyroscope, pp 191 - 193.

第二章

1 Renard, IA, 1972, 'The River Murray Question Part III— New Doctrines Old Problems', p 631.

2 Lumb, RD, Ryan, KW, 1977, The Constitution of Australia, p 314.

3 Howard, C, 1978, Australia's Constitution, p 49.

4 Commonwealth v Tasmania (1983) 158 CLR 1 at para 99 of his judgment. Clark, SD, 2002, 'Divided power, cooperative solutions?', pp 19 -20.

6 Agenda 21, Chapter 18, para 18. 6.

7 Postel, S, Richter, B, 2003, Rivers for life.

8 Ibid, pp 53 - 54.

9 NWI, 6; NCC, June 2004, New South Wales: allocation of water to the environment, p 5.

10 NCC, ibid, p 6.

11 Ibid, p 8.

12 Ibid, p 9.

13 Cullen, P, 2002, 'The Common Good', p 52.

14 Boully, L, Dovers, S, 2002, 'Sharing power and responsibility', p 100. La Nauze, JA, 1972, The making of the Australian Constitution.

16 The Advertiser (Adelaide), 3 March 1897. Richard Chaffey Baker was apparently not related to the irrigation developers, the Chaffey brothers.

17 Murray-Darling Basin Ministerial Council, 1999, The Salinity Audit, p 13.

18 Reid, GH, 1917, My Reminiscences, p 136.

19 La Nauze, JA, 1965, Alfred Deakin, pp 85 - 86.

20 La Nauze, The making of the Australian Constitution, p 209.

21 Ibid, p 208.

22 Australia, Constitutional Convention, 1891 - 1898, Official Record of the Debates of the Australasian Federal Convention, Vol 2, p 36 (henceforth Australasian Federal Convention).

23 Ibid, p 36.

24 Ibid, p 44.

25 The Advertiser, 25 January 1898.

26 Australasian Federal Convention, Vol 2, p 33.

27 Ibid, p 86.

28 Ibid, p 86.

29 Deakin, A, 1944, The federal story, p 87.

30 The Advertiser, 20 January 1898, p 4.

31 The Advertiser, 25 January 1898, p 4.

32 Australasian Federal Convention, Vol 2, p 40.

33 Clark, S, 1971, 'Australian Water Law', p 316.

34 Australia, Constitutional Commission, The Australian Constitution, p 30.

35 Australasian Federal Convention, Vol 2, p 1989.

36 Ibid, p 1983.

37 Ibid, p 1985.

38 Ibid, p 1986.

39 Ibid, p 1986. At this stage plans for irrigation development in New South Wales were largely concentrated on the Murrumbidgee River rather than the Murray.

40 Australasian Federal Convention, Vol 2, p 1987.

41 Ibid, p 1987.

42 Ibid, p 1987.

43 Ibid, p 1988.

44 Ibid, p 1989.

45 Ibid, p 1990.

46 Hirst, J, 2000, The sentimental nation, p 248.

47 Quick, J, Garran, RR, 1901, The Annotated Constitution, p 890.

48 Ibid, p 891.

49 Sawer, M, 2003, The ethical state?, pp 9 - 30; Ward, JM, 2001, The state and the people, pp 55 - 58; Hirst, The sentimental nation, see Chapter 8 'Convention'; Irving, H, 1999, To constitute a nation, see Chapter 5 'Things properly federal' .

50 Davis, PN, Australian irrigation and administration, pp 1477 - 1478.

51 Davidson, BR, 1969, Australia wet or dry?

52 The following section is based on Powell, JM, 1989, Watering the Garden State, pp 98 - 166; Tyrrell, I, 1999, True Gardens of the Gods, pp 121 - 173.

53 Powell, Watering the Garden State, pp 98 - 104.

54 Ibid, pp 98 - 104.

55 Ibid, pp 87 - 88. McColl was the father in a father and son duo that was prominent in matters involving irrigation in Victoria for many decades.

56 La Nauze, Alfred Deakin, Vol 1, pp 85 - 87.

57 Powell, Watering the Garden State, pp 109 - 110.

58 La Nauze, Alfred Deakin, Vol 2, particularly Chapter 21.

59 Rutherford, J 'Interplay of American and Australian Ideas for Development of Water Projects in Northern Victoria', p 120, quoting from Irrigation in Egypt and Italy, p 66, the fourth progress report of the 1884 Royal Commission on Water supply.

60 Powell, Watering the Garden State, pp 112 - 117.

61 Worster, D, 1992 (1985), Rivers of Empire, pp 143 - 155. According to Worster the social vision of large numbers of small settlers was lost very early on but somehow large developers persuaded American governments to continue to provide high levels of financial support for many decades.

62 Powell, Watering the Garden State, p 113.

63 Clark, Australian Water Law, p 170.

64 Wells, S, 1986, Paddle steamers to cornucopia, pp 120 - 126.

65 Reeves, WP, 1902, State Experiments in Australia and New Zealand.

第　三　章

1 Clark, S, 1983, 'Inter-governmental Quangos', p 159.

2 The Advertiser (Adelaide), 17 December 1902, quoted by Clark, S, 1971, Australian Water Law, p 352.

3 Deakin, A, House of Representatives, 24 September 1902 quoted in

Clark, Australian Water Law, pp 337 - 338.

4 Clark, Australian Water Law, p 217.

5 Murray Waters Committee, [1915?], Murray Waters Agreement, pp 2 -4.

6 Interstate Royal Commission on the River Murray, p 6.

7 Ibid, p 43.

8 McMinn, WG, 1979, A constitutional history of Australia, p 108; Matthews, B, 1999, Federation, p 87; Headon, D, Brownrigg, J, 1998, The peoples' conventions.

9 The following description of the conference proceedings is based predominantly on the reports in the Corowa Free Press for 28 March, 4 and 8 April, supplemented by The Albury Banner and Wadonga Express and The Advertiser (Adelaide) .

10 Interstate Royal Commission on the River Murray, p 3.

11 The Advertiser, 7 April 1902, p 5.

12 Interstate Royal Commission on the River Murray, p 49.

13 Ibid, p 15.

14 Ibid, pp 27 - 28.

15 Westcott, P, 1981, 'George and Benjamin Chaffey', pp 599 - 601.

16 Interstate Royal Commission on the River Murray, p 48.

17 Ibid, p 15.

18 Wolf, A, 2001, 'Transboundary waters: sharing benefits, lessons learned' .

19 Interstate Royal Commission on the River Murray, p 57.

20 Ibid, p 60.

21 Eaton, JHO, nd (1945/1946?), A Short History of the River Murray Works, pp 60 - 62.

22 Royal Commission on the Murray Waters, 1910, See the discussion regarding irrigation I, vi-xxiv.

23 Eaton, A Short History of the River Murray Works p 12; McKay, RT, 190319 August, The Murray River, p 159.

24 Royal Commission on the Murray Waters, 1910, p ix.

25 Ibid, p lxiii.

26 Ibid, p 320.

27 O' Collins, GG, 1965, Patrick McMahon Glynn, p 228.

28 Ibid, p 227.

29 River Murray Waters Act 1915, Commonwealth Parliament.

30 Clark, SD, June 1971, 'The River Murray Question: Part II', pp 238 - 240.

31 Clark SD, 2002, 'Divided power, cooperative solutions?', p 21.

32 Clark, 'Inter-governmental Quangos', pp 159 - 161; Clark S D, 2002, 'Divided power, cooperative solutions?', p 21.

33 Clark, 'The River Murray Question: Part II', pp 235 - 238.

34 Ibid, p 237.

35 Eaton, A Short History of the River Murray Works, p 17.

36 Ibid, p 21.

37 Ibid, pp 21 - 41.

38 Ibid, p 18.

39 Ibid, p 49.

40 Blazey, P, 1972, Bolte: a political biography; Cockburn, S, 1991. Playford: benevolent dictator.

41 Personal communication HC Coombs, October 1987.

42 Hammerton, M, 1986, Water South Australia, p 202.

43 Ibid, pp 240 - 242.

44 Ibid, p 231.

45 Ibid, particularly Chapter 9.

46 Murray-Darling Basin Ministerial Council, June 1995, An Audit of Water Use, p 13, figure 1.

47 Gutteridge, Haskins & Davey, 1970, Murray Valley Salinity Investigation, 3 Vols.

48 River Murray Working Party, October 1975, Report to steering committee of ministers.

49 See Chapter 5.

50 State Rivers and Water Supply Commission, May 1975, Salinity Control

and Drainage.

51 Maunsell and Partners, 1979, Murray Valley Salinity and Drainage Report. The report was funded by and prepared for the governments who were signatories to the River Murray Waters Agreement.

52 Clark, 'Inter-governmental Quangos', p 158.

53 Oral history interview, Don Blackmore, December 2003.

54 Williams, J, and Goss, K, 2002, 'Our difficult bequest', pp 37.

55 Clark, 'Inter-governmental Quangos', pp 162 - 163.

第 四 章

1 Postel, S, Richter, B, 2003, Rivers for life. See particularly Chapter 5 'Building blocks for better river governance' .

2 Bellamy, J, Ross, H, Ewing, S, Meppem, T, January 2002, Integrated Catchment Management, CSIRO Sustainable Ecosystems, Canberra, pp xi-xiii.

3 Kellow, A, 1995, 'The Murray-Darling Basin', pp 226 - 227.

4 Ibid, p 227. This same approach, albeit strengthened, has also been incorporated into the NWI.

5 Murray-Darling Basin Act 1993 (Cth) .

6 Ibid, Schedule, clause 1.

7 Murray-Darling Basin Ministerial Council, November 1985, attachments to minutes Ministerial Council, Canberra.

8 Until fairly recently the Labor Party saw federalism as a conservative force that made it easier for its opponents to obstruct radical change. See Galligan, B, Mardiste, D, 1991 September, Labor's reconciliation with federalism, Federalism Research Centre, Australian National University, Canberra.

9 Kellow, 'The Murray-Darling Basin', p 234.

10 Murray-Darling Basin Ministerial Council, July 1987, Murray-Darling Basin Environmental Resources Study, p iv.

11 Murray-Darling Basin Ministerial Council, August 1990, Natural resources management strategy Murray-Darling Basin, p 8.

12 Ibid, p v.

13 Klunder, J, 1993 25 June, 'The changing demands for surface water in the Murray-Darling Basin', submission to Murray-Darling Basin Ministerial Council meeting No 12, Melbourne, Connell collection, p 4.

14 Personal observation.

15 Murray-Darling Basin Act 1993 (Cth), Schedule, Schedule C.

16 See Chapter 1 on groundwater problems in the Goulburn-Broken catchment.

17 MDBC, 1999, Salinity and Drainage Strategy, pp 2 - 3.

18 Murray-Darling Basin Ministerial Council, June 1995, An Audit of Water Use in the Murray-Darling Basin, p 8, table 2.

19 Murray-Darling Basin Ministerial Council, March 1992, Murray-Darling Basin Agreement, Murray-Darling Basin Ministerial Council, Canberra. See Part X 'Division of Waters'.

20 Klunder, J, 1993 25 June, 'The changing demands for surface water in the Murray-Darling Basin', submission to Murray-Darling Basin Ministerial Council meeting No 12, Melbourne, Connell collection.

21 Murray-Darling Basin Ministerial Council, An Audit of Water Use.

22 Ibid, p 8, table 2.

23 Murray-Darling Basin Ministerial Council, August 2000, Review of the Operation of the Cap, Canberra, p 9.

24 MDBC, Annual Report 2001 - 02, p 66.

25 Marsden Jacob Associates, January 2005, Audit of Murray-Darling Basin Cap Data Management systems. See particularly the executive summary and conclusions, pp 70 - 72.

26 No new entitlements were granted unless salinity mitigation works were undertaken to counter the salinity effects. The volume of unused existing entitlements, however, were large. During the five-year period to 1992 - 93 only 63 percent of existing entitlements were utilised. See Murray- Darling Basin Ministerial Council, An Audit of Water Use, p 8, table 2.

27 Murray-Darling Basin Ministerial Council, Review of the Operation of

the Cap, p 27.

28 Ibid, p 10.

29 Ibid, p 14.

30 Ibid, p 30.

31 Blomquist, W, Schlager, E, Heikkila, T, 2004, Common waters, diverging streams.

32 Sinclair Knight Merz, 2003, Projections of groundwater extraction rates. See particularly Chapter 8 ‘Surface and groundwater interaction’.

33 Sinclair Knight Merz, Projections of groundwater extraction rates.

34 Independent Audit Group, March 2005, Review of Cap Implementation 2003/4, Murray-Darling Basin Ministerial Council, Canberra, p 2.

35 Independent Audit Group, March 2004, Review of Cap Implementation 2002/3, p 1.

36 Independent Audit Group, Review of Cap Implementation 2003/4, p 2.

37 Ibid, p 1.

38 Personal communication, Mark Roberson, Bay Delta Authority California, 15 March 2005.

39 National Competition Council, June 2004, New South Wales: allocation of water to the environment, p 9.

40 Ibid, p 10.

41 Ibid, p 22.

42 Ibid, p 40.

43 Dept of Land and Water Conservation, 1998, Stressed rivers report.

44 National Competition Council, New South Wales: allocation of water to the environment, p 38.

45 Ibid, p 36.

46 Ibid, p 43.

47 Ibid, p 44.

48 Ibid, pp 28 - 29.

49 Murray-Darling Basin Ministerial Council, Natural resources management strategy Murray-Darling Basin, p iii.

50 Barr, N, Ridges, S, Anderson, N, Gray, I, Crockett, J, Watson, B and Hall, N, 2000, Adjusting for catchment management, pp 11 - 26.

51 Murray-Darling Basin Ministerial Council, 1999, The Salinity Audit, p 34.

52 Ibid.

53 Ibid, pp 25 - 26.

54 Ibid, p 9.

55 Walker, G, Gilfedder, M, Williams, J, 1999, Effectiveness of current farming systems.

56 MDBC, 1996, Cost-sharing for on-ground works.

57 Green, R, 2002, 'Preface', in Connell, D (ed), Uncharted Waters, pp viiviii.

58 Connell, D, 2002, Lake Victoria Cultural Landscape Plan of Management, CD published by the Murray-Darling Basin Commission, Canberra.

59 MDBC, May 2002, Lake Victoria cultural landscape plan of management.

60 Murray-Darling Basin Ministerial Council, June 2001, Integrated catchment management in the Murray-Darling Basin 2001 - 2010: delivering a sustainable future, Murray-Darling Basin Ministerial Council, Canberra.

61 Yencken, D, Wilkinson, D, 2000, Resetting the compass, particularly Chapters 11 - 13.

62 Murray-Darling Basin Ministerial Council, 2001 August, Basin salinity management strategy 2001 - 2015.

63 Council of Australian Governments, November 2000, A national action plan for salinity and water quality.

64 MDBC, Annual Report 2002 - 2003, pp 52 - 53; Annual Report 2003 - 2004, p 54.

65 Cullen, P, 2004 December, interviewer Connell, D, oral history collection Australian National Library, Canberra.

第 五 章

1 Jones, Henry, 93.

2 Scott, J, 2001 20 April, 'Environmental effects of dairy deregulation', *Dairy Industry Crisis Summit*.

3 NWI Sch A.

4 Ibid, 23 iv and x.

5 Ibid, 25 v. See also Ibid, 41 – 45 and Schs A and E.

6 Murray-Darling Basin Ministerial Council, August 1990, *Natural resources management strategy Murray-Darling Basin*, p iv.

7 Murray-Darling Basin Ministerial Council, August 2000, *Review of the Operation of the Cap*, p 14.

8 NWI, 46 – 49.

9 Ibid, 23, 25, 28, 36 – 45 and Sch E.

10 Ibid, 23 x.

11 Whittington, J, Cottingham, P, Gawne, B, Hillman, T, Thoms, M, Walker, K, February 2000, *Review of the operation of the Cap: Ecological Sustainability of the Rivers of the Murray-Darling Basin*, p 68.

12 NWI 48.

13 Vertessy R, BRS seminar series, 30 June 2006, 'Is sustainable water resource management possible in Australia?'

14 MDBC, April 2003, *Basin salinity management strategy* 2001 – 2002 *annual implementation report*, p 20.

15 See Murray-Darling Basin Ministerial Council, June 1995, *An Audit of Water Use*, pp 14 – 25 for discussion of changes to the flow regime including reduced flooding.

16 Murray-Darling Basin Ministerial Council, 1999, *The Salinity Audit*, pp 26 – 27.

17 Ibid, pp 13 – 14.

18 Ibid, table 4, p 14.

19 Ibid, table 5, p 15.

20 Mackay, N, Eastburn, D (eds), 1990, *The Murray*, p 7.

21 Intergovernmental Agreement Murray-Darling Basin 2004, p 17.

22 NWI, Sch A, Sch E, 2.

23 NWI, 23, 28 - 57, Schs A and E.

24 IGAMDB 55.

25 Ibid, 52.

26 Marsden and Jacob Associates, 2005 January, *Audit of Murray-Darling Basin Cap data management systems*; Ex Summary ii.

27 Ibid, p 14.

28 van Dijk et al, 'Risks to the Shared resources of the Murray-Darling Basin' .

第　六　章

1 La Nauze, JA, 1965, *Alfred Deakin: a biography*, Vol 2, pp 347 -361.

2 For a vivid description of a Roman triumph, see Graves, R, 1954 (1934), *Claudius the God: and his wife Messalina*, Penguin, pp 277 -291.

3 Jones, J, 2001, 'Environmental law', pp 238 - 239.

4 Senate Environment, Communications, Information Technology and the Arts References Committee, May 1999, *Commonwealth environment powers*, Executive Summary, p 1.

5 Ibid, Chapter 2, para 2. 16.

6 Crawford, J, 1991, 'The Constitution and the Environment', pp 11 -30.

7 Ibid, pp 11 - 16.

8 Ibid, p 17.

9 Clark, SD, 2002, 'Divided power, cooperative solutions?', p 19.

10 Crawford, 'The Constitution and the Environment', pp 21 - 24.

11 Ibid, p 16.

12 Ibid, p 17.

13 Ibid, p 16

14 Ibid, pp 24 - 25.

15 See *New South Wales v Commonwealth* [2006] HCA 52.

16 Galligan, B, 1995, *A federal republic: Australia's constitutional system of government*, pp 199 - 203.

17 See Ibid, p 199.

18 Ibid, p 202.

19 Lee, KN, 1993, *Compass and gyroscope*. See Chapter 4, 'Gyroscope: negotiation and conflict', pp 87 - 114.

20 Australian National Audit Office, 2004, *The Administration of the National action plan for salinity and water quality*.

21 Ibid, p 15.

22 Ibid, p 15.

23 Ibid, p 17.

24 Ibid, p 18.

25 Auditor General Victoria, 2003, 'Part 3. 9: Sustainability and Environment' .

26 The Victorian system is widely regarded as the most well established of the CMA systems.

27 Bellamy, J, Ross, H, Ewing, S, Meppem, T, January 2002, *Integrated Catchment Management*, pp 12 - 15.

28 Blackmore, D, May 2001, 'Water, salinity and the politics of mutual obligation', p 6/7.

29 Ibid, p 8, Connell Collection.

30 Fisher, T, 2000, Water: 'Lessons from Australia's first practical experiment in integrated microeconomic and Environmental Reform', pp 35.

31 Blanch, S, Holden, T, 2001, 'Backwards looking, downhill going: A critique of the Murray-Darling Basin Agreement (1992)' .

32 South Australian Select Committee on the River Murray, 2001 July, *Final Report*.

33 Ibid, pp 3 - 4.

34 Ibid, p 75.

35 Ibid, pp 38 - 39.

36 Ibid, p 6.

37 Ibid, p 75.

38 Clark, 'Divided power, cooperative solutions?', p 21.

39 South Australian Select Committee on the River Murray, 2001 July, *Final Report*, p 7.

40 Ibid, p 73.

41 Ibid, p 12.

42 Ibid, p 13.

43 MDBC, 2000, *The Barmah Millewa forest water management strategy*.

44 Dovers, S, 1997, 'Sustainability: demands on policy', pp 309 - 313.

45 Caiden, GE, 1967, *The Commonwealth Bureaucracy*, p 61.

46 Bell, S, 2004, *Australia's money mandarins: the Reserve Bank*.

47 Kenwood, AG, 1995, *Australian Economic Institutions Since Federation*, p 214.

48 Clark, 'Divided power, cooperative solutions?', p 14.

49 Ibid, p 15.

50 Daniel Lewis, 8 July 2006, 'Fat ducks, fat cattle, fat chance', *Sydney Morning Herald*, p 31.

51 Prasad, A, Close, AF, 2002 August, *Analysis of irrigation returns*.

52 NWI, 11 Sch G.

53 NWI 55 - 57.

54 Fisher, D, 2007, 'New frameworks for law and regulation and current settings as enablers or constraints on reform implementation', *Water And Society*, CSIRO Publishing, Canberra.

55 Gardner, A, Bowmer, K, 2007, 'Environmental water allocations and their governance' *Water and Society*, CSIRO Publishing, Canberra.

56 Dole, D, 2002 'Managers for all seasons', p 35.

57 Peterson, D, Dwyer, G, Appels, A, Fry, J M, November 2004, *Modelling water trade in the southern Murray-Darling Basin*, pp 29 - 41.

58 MDBC, 2004 July, *Scoping of economic issues in the Living Murray*, p v.

59 ACIL Consulting, 2002, *Economic impacts of the draft water plans*,

p iv.

60 Murray-Darling Basin Ministerial Council，August 2000，*Review of the Operation of the Cap*，p 14.

61 Ibid，p 14.

参考书目（略）

索引（略）

墨累-达令河流域示意图

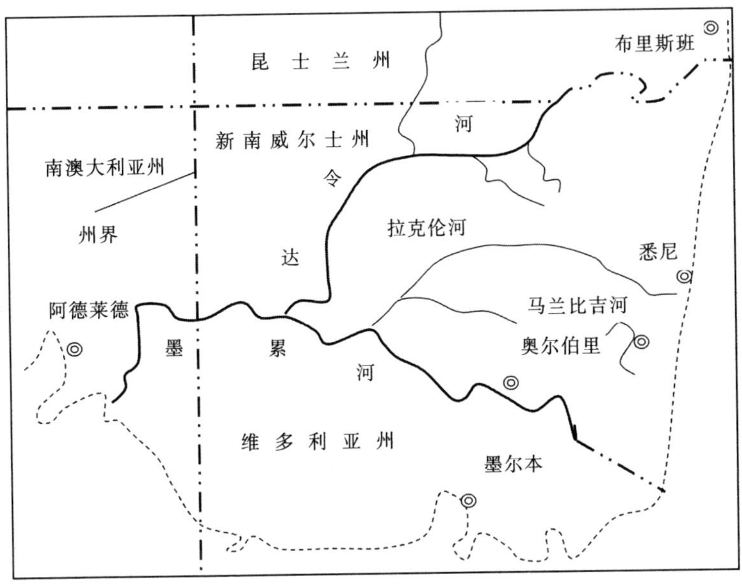
昆士兰州
布里斯班
河
新南威尔士州
南澳大利亚州
令
州界
拉克伦河
达
悉尼
阿德莱德
马兰比吉河
墨
累
奥尔伯里
河
维多利亚州
墨尔本

译 后 记

2006年是近百年来澳大利亚最干旱的年份之一，据当年9月份《堪培拉时报》载："维多利亚州农民有因干旱导致收入严重下降而自杀的；首都堪培拉市商场蔬菜和水果价格比往年高出40%，澳大利亚水量最丰富的墨累-达令河干枯。"当时，干旱带来的社会经济影响在澳大利亚各大报纸连篇刊载，最引人注目的还是联邦政府面对严重的干旱如何解决以及采取什么样的措施减轻旱灾带来的损失；也包括人们对于以往水资源管理存在的问题和反思。

2006年10月7日，我在澳大利亚国立大学图书馆看见《Water Politics》，喜出望外。出于多年从事水问题研究以及对本专业的了解情况，断定这是一本最近出版而且从全新的视角看待澳大利亚水资源管理问题的学术专著。详细浏览后果然发现这本书主要内容描述了多年来墨累-达令河流域的用水户和州以及联邦政府之间，对于怎样改变水的管理方式和水资源能够可持续利用的争论；作者根据多年对水管理问题的研究和经历，阐明了墨累-达令河流域水管理的历史过程、经验教训以及自己的学术观点。几天后，我通过悉尼联邦出版社联系到作者丹尼尔·克努先生，他非常高兴约见我，他告诉我见面的时间和地点，没想到我们的办公室都在同一幢办公楼。他是澳大利亚联邦科学与工业研究组织的研究员，同时也是澳大利亚国立大学资源与环境经济系的兼职教授。我说明想法，愿意将此书译成中文并在中国出版发行，希望书中某些真知灼见对中国的水资源管理部门或专家学者有很大的启发和借鉴意义。他非常高兴并支持我的想法。

通过丹尼尔·克努教授沟通，澳大利亚“联邦出版社”授权，由中国农业出版社出版发行中译本。

2007年4月，为了更好地对本书内容增加了解和更理性的认识，我先后考察了墨累-达令河流域的亚斯、库马、阿德莱德、墨尔本、沃哥沃哥等地的支流水系和水利工程，并收集了一些资料。

关于这本书的中文名字，直译为《水政治》，这个名字对中国读者容易产生误解，因为中国的水资源管理政策和历史渊源与西方世界或澳大利亚不是完全一样。为此，我请教了国内在研究水政水资源等方面的专家和政府部门水资源管理的官员，综合大家意见，可选择的名字有《水政》、《水政方略》、《水权交易与政治协商》等。最后，还是采用直译的名字《水政治》，因为中国随着社会经济的不断发展，人口、资源和环境矛盾问题的日益突出，水资源管理的范围和内容也将不断复杂、充实和提升，这一工作必将影响到普通百姓、政府官员、社会团体，甚至最高决策层面；所涉及的领域也将从社会、经济、文化，直至政治。所以，“水政治”这个概念也将逐渐被广大的中国读者认可。

连同对“水政治”这个概念的认识和发展一样，本书中的某些内容也将为我国将来提升水问题的战略地位，实行最严格的水管理制度、不断创新水管理机制提供借鉴和参考。

本书在确定书名以及翻译中遇到诸多问题，武汉大学许志方教授和李可可教授、澳大利亚国立大学赵中维教授、英国剑桥大学萨莉教授等给予很多指点；在翻译及整理过程中，时明昭、孙亚男、安坤、张娥、王迪等做出很多工作，在此一并表示感谢！由于本人水平有限，错误之处请提出宝贵意见。

谢永刚

2010年5月于英国剑桥

图书在版编目（CIP）数据

水政治/［澳］克努（Connell，D.）著；谢永刚译
.—北京：中国农业出版社，2010.12
ISBN 978-7-109-15373-8

Ⅰ.①水…　Ⅱ.①克…②谢…　Ⅲ.①水资源管理-研究-澳大利亚　Ⅳ.①TV213.4

中国版本图书馆 CIP 数据核字（2011）第 004878 号

中国农业出版社出版
（北京市朝阳区农展馆北路 2 号）
（邮政编码 100125）
责任编辑　白洪信

中国农业出版社印刷厂印刷　　新华书店北京发行所发行
2010 年 12 月第 1 版　　2010 年 12 月北京第 1 次印刷

开本：850mm×1168mm　1/32　　印张：7.5
字数：180 千字　　印数：1～2 000 册
定价：25.00 元